초보자도 이해하기 쉬운

양장기능사 실기

박성미 저

구민사

저자 프로필

박성미
에셈피(S.M.P) 패턴·봉제연구소 대표
공적원조개발(ODA)사업 카메룬 봉제직종 전문가
공적원조개발(ODA)사업 에티오피아 봉제직종 전문가
공적원조개발(ODA)사업 봉제 교재 집필위원
공적원조개발(ODA)사업 봉제 교재 검토위원
전국장애인기능경기대회 양장 심사위원
지방기능경기대회 의상디자인부분 심사위원
전국기능경기대회(제42회) 의상디자인부분 은메달
지방기능경기대회(제41회) 의상디자인부분 금메달
서울모델리스트 컨테스트(제10회) 우수상

Preface

양장의 사전적 의미는 "책을 장정(裝幀)하는 방법의 하나로, 철사나 실로 꿰매고 두꺼운 종이나 헝겊, 가죽 따위를 싸 붙인다."이다. 여기서 "장정"이라 함은 "조목(條目)으로 나누어 정(定)한 규정(規定)"을 의미한다.

이렇듯 양장은 정해진 규정에 의해 순서대로 실로 꿰매고 천을 싸 붙이는 일종의 공정을 말한다.

본 저자는 현재 의상관련업에 종사하고 있으며, 각종 대회와 국내외 프로젝트에 참여하면서 터득한 노하우를 바탕으로 양장기능사를 준비하고 있는 모든 분들에게 양장의 공정과 기초를 쉽게 이해하고, 나아가 실제적인 의상을 제작할 수 있도록 이 책을 집필하였다.

본 교재 특징으로는

첫째,
공정 하나하나에 준비한 사진과 패턴을 제시하였으며, 상세한 설명을 곁들여 초보자도 어렵지 않게 이해하도록 하였다.

둘째,
패턴 작업 시 작업 공정 순서를 도면에 기입하여 패턴의 기본기를 쉽게 익히도록 하였다.

셋째,
봉제공정을 순서대로 작성하여 봉제 방법을 체계적으로 습득하도록 하였다.

넷째,
산업인력공단 출제 기준을 반영하여 실시된 양장기능사의 모든 문제(10가지 디자인)를 [패턴, 공정순서, 봉제방법]의 순서로 CAD로 작성한 패턴과 촬영한 봉제 사진을 제시하여 쉽게 이해하고 쉽게 배울 수 있도록 하였다.

공적개발원조(Official Development Assistance) 해외 프로젝트 의상 전문가로 활동하면서 본교재 집필을 위한 직접적인 계기가 되었다. 특히 교재 집필을 위한 동기부여와 용기를 보내준 동료 직종 전문가분들께도 심심한 감사의 마음을 전합니다.
마지막으로 이 책의 출판을 위해 적극적으로 후원해 주신 도서출판 구민사 대표님과 관계자 분들께 깊은 감사를 드립니다.

저자

CONTENTS | 이 책의 순서

CRAFTSMAN DRESS MAKING

COMPOSITION | 이 책의 구성과 특징

1 각 단어별 설명을 사진과 함께 익힐 수 있도록 하였습니다.

02 시침질

본 바느질 전에 임시로 옷감끼리 고정시켜 서로 밀리는 것을 방지하는 바느질 방법으로, 본 바느질 후 시침질한 실을 제거한다.

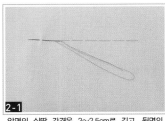
2-1

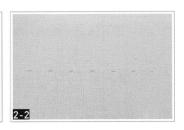
2-2

앞면의 실땀 간격은 2~2.5cm로 길고, 뒷면의

2 암기해야 할 명칭과 봉제순서는 표로 명시하였습니다.

가슴둘레	B	Bust Circumference	목뒤점	B.N.P	Back Neck Point
허리둘레	W	Waist Circumference	어깨선	S.L	Shoulder Length
엉덩이둘레	H	Hip Circumference	어깨끝점	S.P	Shoulder Point
목앞점	F.N.P	Front Neck Point	진동둘레선	A.H	Arm Hole
가슴선	B.L	Bust Line	겨드랑점	S	Side Point
젖꼭지점	B.P	Bust Point	옆선	S.S	Side Line
허리선	W.L	Waist Line	뒤중심선	C.B.L	Center Back Line
엉덩이선	H.L	Hip Line	앞중심선	C.F.L	Center Front Line
목옆점	S.N.P	Side Neck Point			

앞진동둘레	F.A.H	Front Armhole
뒤진동둘레	B.A.H	Back Armhole
소매산높이	Ah	Armhole Hight / Cap Hight
소매폭	B.G	Bicep Girth
소매중심선	C.L	Center Line
팔꿈치선	E.L	Elbow Line
소매부리선	H.W	Hand Wrist
소매길이	S.L	Sleeve Length

3

도면 그리는 순서를 확인하세요!

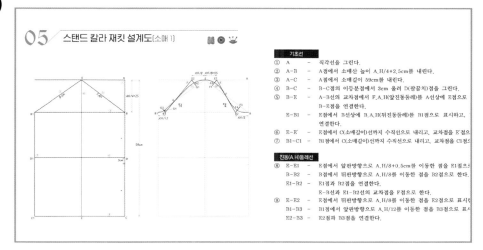

05 스탠드 칼라 재킷 설계도 [소매 1]

기초선

① A   -   직각선을 그린다.
② A-B   -   A점에서 소매산 높이 A.H/4+2.5cm를 내린다.
③ A-C   -   A점에서 소매길이 59cm를 내린다.
④ B-C   -   B-C점의 이등분점에서 3cm 올려 D(팔꿈치)점을 그린다.
⑤ B-E   -   A-B선의 교차점에서 F.A.H(앞진동둘레)를 A선상에 E점으로   B-E점을 연결한다.
     E-B1   -   E점에서 B선상에 B.A.H(뒤진동둘레)를 B1점으로 표시하고, 연결한다.
⑥ E-E'   -   E점에서 C(소매길이)선까지 수직선으로 내리고, 교차점을 E'점으로
⑦ B1-C1   -   B1점에서 C(소매길이)선까지 수직선으로 내리고, 교차점을 C1점으

진동(A.H)둘레선

⑧ E-E1   -   E점에서 앞판방향으로 A.H/8+0.5cm를 이동한 점을 E1점으로
     B-B2   -   B점에서 뒤판방향으로 A.H/8를 이동한 점을 B2점으로 한다.
     E1-B2   -   E1점과 B2점을 연결한다.
               E-B선과 E1-B2선의 교차점을 F점으로 한다.
⑨ E-E2   -   E점에서 뒤판방향으로 A.H/8를 이동한 점을 E2점으로 표시
     B1-B3   -   B1점에서 앞판방향으로 A.H/12를 이동한 점을 B3점으로 표시
     E2-B3   -   E2점과 B3점을 연결한다.

4

실전에 강할 수 있도록 유의사항도 놓치지 마세요!

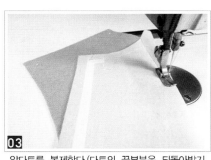

03
앞다트를 봉제한다.(다트의 끝부분은 되돌아박기를 하지않고, 실매듭 2cm로 처리한다.)

04
입술단추구멍감을 바이어스 방향으로 5×5cm, 4개 (겉감)를 심지부착하여 준비한다.

5

재킷을 연습할 시 피크드 재킷부터 차례대로 연습하시길 추천드립니다.

1 출제기준을 짚고 넘어가세요!

	양장기능사 출제기준(실기)		
직무분야	섬유·의복		
중직무분야	의복		
자격종목	양장기능사(Craftsman Dress Making)		
적용기간	2020.1.1~2024.12.31		
직무내용	주어진 디자인과 제시한 치수에 맞게 패턴제작, 마킹 및 재단하고, 손바느질 및 재봉기를 이용하여 여성복을 제작하는 직무를 수행		
수행준거	1. 작업지시서를 작성할 수 있다.　　　　　 2. 패턴제작을 할 수 있다. 3. 마킹 및 재단을 할 수 있다.　　　　　　 4. 봉제작업을 할 수 있다. 5. 단추구멍 제작, 단추달기, 끝손질하기 및 다림질을 할 수 있다.		
실기검정방법	작업형	**시험시간** 6~7시간 정도	**합격기준** 100점 만점에 60점 이상 득점자

	주요항목	세부항목	
실기과목 **(양장 패턴** **및** **봉제 작업)**	1. 핏 경향 분석	1. 실루엣 경향 분석하기 3. 의복제작 방법 경향 분석하기	2. 사이즈 경향 분석하기
	2. 패션상품 샘플작업지시서 분석	1. 디자인 의도 파악하기 3. 봉제방법 계획하기	2. 원부자재 분석하기
	3. 메인패턴 제작	1. 샘플 수정사항 확인하기 3. 부속패턴 완성하기	2. 겉감패턴 완성하기
	4. 샘플패턴 수정	1. 가봉 의뢰하기 3. 샘플부속패턴 제작하기	2. 샘플겉감패턴 수정하기 4. 원단 가요척 산출하기
	5. 제직의류 생산의뢰서 분석	1. 도식화 분석하기 3. QC 의뢰사항 확인하기	2. 원부자재 소요량 확인하기 4. 원부자재 매칭차트 만들기
	6. 제직의류 재단 준비작업	1. 재단작업 분석하기 3. 재단작업 치수 계획하기	2. 생산보조용 패턴제작하기
	7. 제직의류 재단 본작업	1. 마킹하기 3. 커팅하기	2. 연단하기
	8. 제직의류 재단 후 작업	1. 재단물 분류하기 3. 특수 작업하기	2. 심지 접착하기
	9. 제직의류 부속 봉제	1. 부속 제작 준비하기 3. 부속봉제 완성하기	2. 개별 부속 제작하기
	10. 제직의류 합복 봉제	1. 앞뒤판 합복하기 3. 마무리 합복하기	2. 부속 부착하기
	11. 제직의류 완성기계 작업	1. 완성다림질하기 3. 검침하기	2. 특종 작업하기
	12. 제직의류 완성기타 작업	1. 마무리 손바느질하기 3. 포장하기	2. 제사 처리하기
	13. 제직의류 품질 검사	1. 재단물 검사하기 3. 완성품 검사하기	2. 생산라인 검사하기

※ 상시항목은 큐넷에서 확인하실 수 있습니다.

CRAFTSMAN DRESS MAKING

본 교재

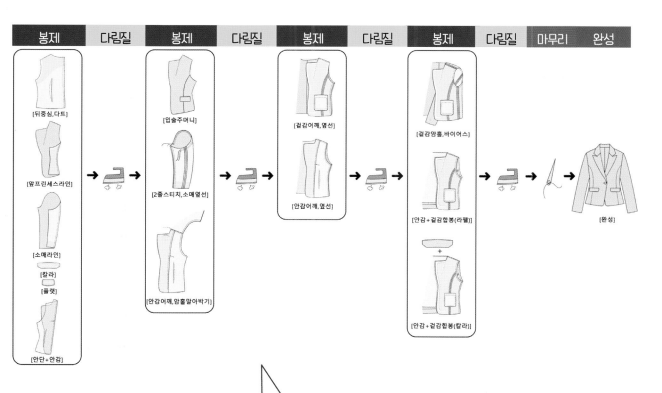

봉제	다림질	봉제	다림질	봉제	다림질	봉제	다림질	마무리	완성

[뒤중심,다트]

[앞프린세스라인]

[소매라인]
[칼라]
[플랫]

[안단+안감]

[입술주머니]

[2줄스티치,소매옆선]

[안감어깨,암홀말아박기]

[겉감어깨,옆선]

[안감어깨,옆선]

[겉감암홀,바이어스]

[안감+겉감합봉(라펠)]

+

[안감+겉감합봉(칼라)]

[완성]

본 교재는 양장기능사 실기시험 특성상 빠른 시간 안에
작품을 완성할 수 있도록 공정순서를 이와 같이 설계하였다.
본 공정은 옷을 제작하는 전체적인 흐름을 익힐 수 있으며,
제작방법을 빠르게 알 수 있어 봉제기술 습득에 용이하다.

기존 교재

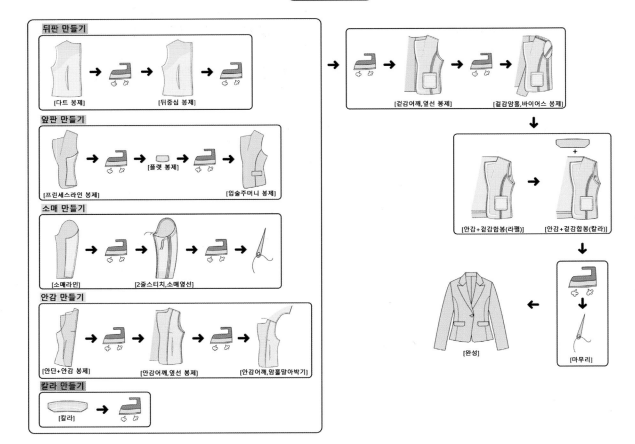

3 **공정순서**를 기억하면 길이 열립니다.

각 챕터에 표로 정리한 부분을 익히고 노트에 정리해보세요.

4 제출용 패턴에 **기호표시**를 잊지마세요!

치명적인 감점요인이 될 수 있습니다.

5 자나깨나 **지시사항** 확인!

지시사항은 매회 바뀌므로 정확히 작업하였는지 확인! 또 확인하십시오.

PART

01

인체계측 및
제도 준비 안내

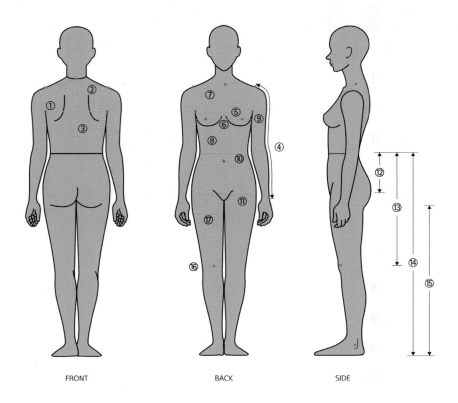

FRONT　　　　BACK　　　　SIDE

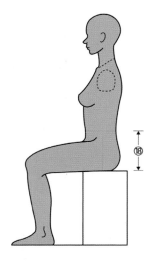

/ 인체계측항목 및 계측방법

순서	계측항목	계측방법
1	뒤품	뒤판의 좌·우 겨드랑이 사이의 너비
2	어깨너비	좌·우 어깨점에서 목뒤점을 지나는 너비
3	등길이	목뒤점에서 뒤허리의 가장 많이 들어간 곳까지의 길이
4	소매길이	어깨점에서 팔꿈치점을 지나 손목점까지의 길이
5	앞품	앞판의 좌·우 겨드랑이 사이의 너비
6	유폭	앞판의 좌·우 유두점(젖꼭지점)까지의 길이
7	유장	목옆점에서 유두점(젖꼭지점)까지의 길이
8	앞길이	목옆점에서 유두점(젖꼭지점)을 지나 허리선까지의 길이
9	가슴둘레	유두점(젖꼭지점)을 지나는 수평둘레
10	허리둘레	허리에서 가장 가는 부분을 지나는 수평둘레
11	엉덩이둘레	엉덩이에서 가장 돌출된 부위를 지나는 수평둘레
12	엉덩이길이	허리선에서 엉덩이선 사이의 직선길이
13	스커트길이	허리선에서 원하는 스커트 길이
14	바지길이	허리선에서 원하는 바지 길이
15	다리길이	엉덩이 밑에서 바지길이가 끝나는 길이
16	무릎둘레	무릎선에서 여유를 포함한 둘레
17	대퇴둘레	대퇴부에서 여유를 포함한 둘레
18	밑위길이	의자에 앉아 허리둘레선에서 의자바닥까지의 길이

03 제도에 사용되는 기호

기호	항목	설명
———————	기초선	목적의 선을 그리기 위한 가는 실선
———————	완성선	패턴의 완성선을 나타내는 굵은 실선
— — — —	안단선	안단을 표시하기 위한 선
✂	절개선	패턴상의 절개를 위한 선
- - - - - - - -	꺾임선	꺾임선 및 접은선 표시
⬦	골선	원단을 두 겹으로 겹쳐 놓고 재단해야 하는 표시
	등분선	선의 폭이 같은 길이로 나눠지는 것을 표시
	올 방향, 식서방향	원단의 결 표시
✕	바이어스표시	원단의 45도 정 바이어스방향 표시
⌐ ⌐	직각표시	직각을 나타내는 표시
▽	다트표시	패턴을 자르기 전 다트를 접어 새로운 선을 만드는 표시
⟩⟨	교차표시	디자인 선이 들어가면서 패턴의 좌·우가 겹치는 표시
⌂	늘임	늘임위치 표시
⌒	오그림	오그림 위치 표시
◣ ◢	심지표시	심지부착 표시
	외주름/맞주름	사선으로 주름방향을 표시
⌁⌁⌁⌁⌁	줄이기	이즈(ease)처리하는 부분 표시

04 제도에 필요한 용구

형태	항목	설명
	연필, 지우개	연필은 끝이 날카로운 샤프형태로 연필과 지우개는 제도에 패턴을 그리는데 필요하다.
	직각자	뒷면에는 1/2, 1/3, 1/4 등 치수가 표시되어 있어 패턴 제도 시 빠르게 제도가 가능하다.
	곡자	인체의 완만한 곡선을 그리는데 사용된다.
	방안자	투명하여 평행선이나 시접을 표시하는데 사용된다.
	암홀자	진동둘레와 같은 곡선을 그리는데 사용된다.
	줄자	인체의 치수를 계측하는데 사용된다.
	누름쇠	패턴 제도나 마킹할 때 움직이지 않도록 고정시켜주는 역할을 한다.
	룰렛	패턴제도 시 반대편 또는 뒷면에 표시를 하기 위해 사용된다.
	종이가위	완성된 패턴을 자르기 위해 사용된다.
	종이테이프	다트나 주름 등 선을 붙일 때 사용한다.

형태	항목	설명
	재단가위	천을 자를 때 사용된다.
	송곳	봉제된 실을 뜯거나 안감의 완성선을 표시할 때 주로 사용된다.
	쪽가위	실을 자를 때 많이 사용된다.
	핀, 핀쿠션	바느질할 부분을 미리 핀으로 고정시키는데 사용된다.
	초크	원단에 완성선을 표시하는데 사용된다.
	북집, 북	북에 밑실을 감아 북집에 넣어 사용한다.
	큰 다리미판 (우마)	몸판과 같이 넓은 면을 다림질 할 때 사용한다.
	데스망	소매 암홀과 같이 작고 좁은 면을 다림질 할 때 사용한다.
	바늘	5, 8호 바늘을 주로 사용한다.
식서테이프	식서 테이프	허리벨트나 재킷의 앞단 등에 붙여 봉제 시 원단이 늘어나지 않게 하는 기능으로 사용한다.

PART

02

기초
손바느질

01 / 홈질

손바느질 중 가장 기본이 되는 바느질 방법이다.

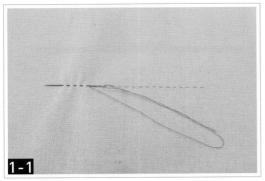

1-1

땀 간격을 0.2∼0.3cm 정도로 좁고 촘촘하게
앞·뒷면의 모양이 동일한 바느질이다.

1-2

02 / 시침질

본 바느질 전에 임시로 옷감끼리 고정시켜 서로 밀리는 것을 방지하는 바느질 방법으로,
본 바느질 후 시침질한 실을 제거한다.

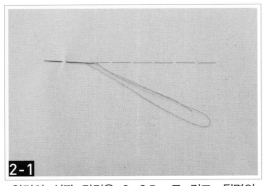

2-1

2-2

앞면의 실땀 간격은 2∼2.5cm로 길고, 뒷면의
실땀 간격은 0.5cm로 짧다. 앞면의 긴땀은 원단
을 눌러서 고정한다.

03 / 어슷시침

재킷의 라펠이나 칼라 등의 외곽이나 앞단의 형태를 고정시키기 위해 이용하는 바느질 방법이다.

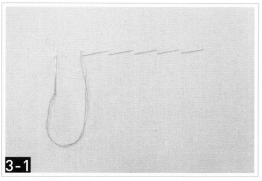

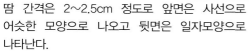

땀 간격은 2~2.5cm 정도로 앞면은 사선으로 어슷한 모양으로 나오고 뒷면은 일자모양으로 나타난다.

04 / 반박음질

본 교재에서는 합봉 후 칼라와 네크라인의 시접을 고정시키고, 어깨와 어깨패드를 고정시킬 때 이용하는 바느질 방법으로 빠르고 튼튼한 바느질을 하기 위해 이용된다.

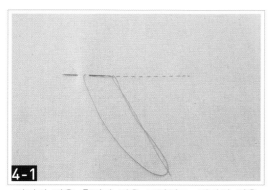

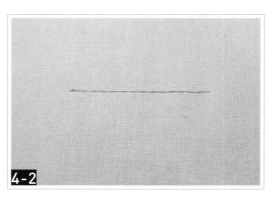

앞면의 땀은 홈질과 같은 모양이고, 뒷면의 땀은 한 땀의 1/2만큼 되돌아와 바늘땀이 겹쳐지는 모양으로 나타난다.

05 / 온 박음질

손바느질 중 가장 견고하고 튼튼한 바느질 방법이다.

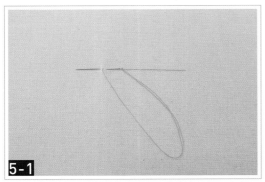

5-1

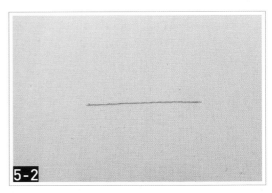

5-2

한 땀을 뜬 다음 다시 되돌아가며 바느질하는
방법으로 땀 사이의 간격이 없다.

06 / 새발뜨기

옷감의 단이나 시접 등을 고정시킬 때 사용하는 바느질방법이다.

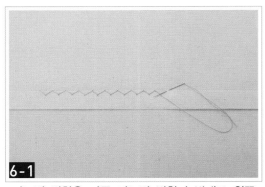

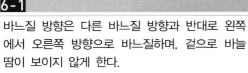

6-1

6-2

바느질 방향은 다른 바느질 방향과 반대로 왼쪽
에서 오른쪽 방향으로 바느질하며, 겉으로 바늘
땀이 보이지 않게 한다.

07 공그르기

새발뜨기와 마찬가지로 옷감의 단이나 시접 등을 고정시킬 때 사용되는 바느질 방법이다.

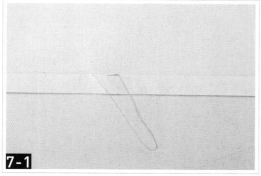

7-1

7-2

시접 사이에 바늘을 넣어 0.7 ~ 1cm 간격으로 겉으로 바늘땀이 보이지 않게 한다.

08 감침질

의복의 단이 꺾어진 곳을 튼튼하게 꿰매는 바느질의 방법으로 감치기라고도 한다.

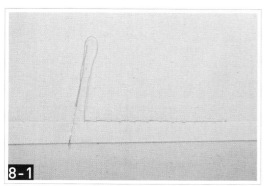

8-1

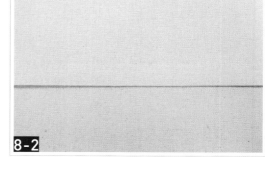

8-2

안에서는 사선으로 어슷한 바늘땀이 나오고, 겉으로는 바늘땀이 보이지 않게 한다.

훅 & 아이(걸고리)

　스커트나 원피스의 지퍼 끝이 벌어지는 것을 방지하고, 여밈분량이 없는 재킷의 잠금 역할로 사용된다.

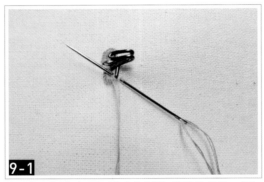

9-1
스커트나 원피스를 입어서 왼쪽 위치에 훅을 버튼홀 스티치 한다.

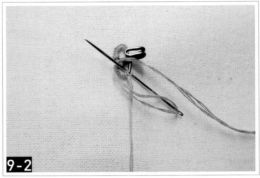

9-2
땀 간격을 좁게하고, 실은 시계방향으로 돌려 바느질한다.

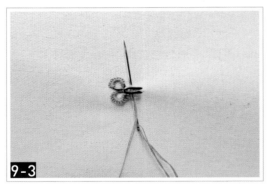

9-3
그림과 같이 훅의 윗부분을 고정시켜 움직이지 않게 한다.

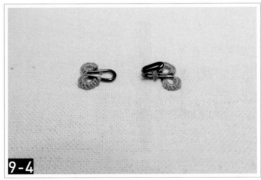

9-4
그림은 완성된 훅&아이(걸고리)를 정면에 바라본 모습이다.

10 실표 뜨기

재봉하기 전 두겹으로 겹친 원단의 완성선을 시침실로 표시하는 방법이다.

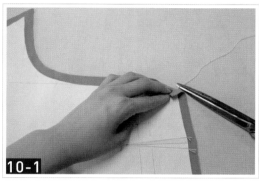

10-1

패턴의 교차점은 바늘을 직각으로 원단에 꽂아
실표뜨기를 한다.

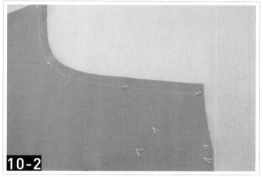

10-2

그림은 실표뜨기 후 패턴을 걷어낸 모습이다.

10-3

원단과 원단 사이의 시침실을 자른다.

10-4

그림은 실표뜨기를 끝낸 모습이다.

11 / 바이어스 테이프 만들기

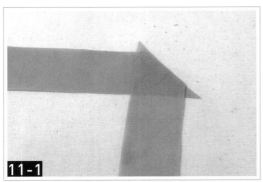

안감을 45도 정바이어스 방향으로 잘라 바이어스의 겉과 겉을 겹친다.

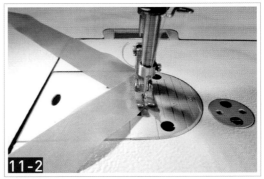

겹친 바이어스의 교차점에서부터 반대편 교차점까지 봉제한다.

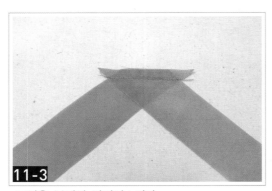

그림은 봉제된 바이어스이다.

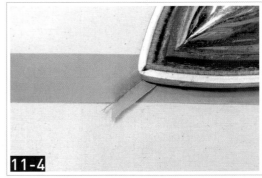

그림과 같이 봉제된 선을 다림질한다.
(생략 가능)

12 말아박기 밴드 만들기

본 교재에서 이용하는 방법으로 재킷 안감의 진동둘레 시접과 같이 곡선이 강하거나 시접의 편차로 균일한 봉제선을 얻기 힘들 때 편리하게 이용할 수 있다.

12-1

비접착 벨트심을 준비한다.

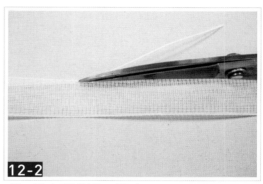

12-2

벨트심의 끝부분을 자른다..

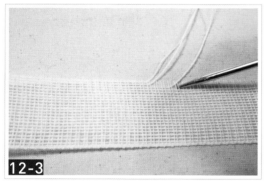

12-3

벨트심을 송곳을 이용하여 원하는 간격으로 심줄을 뜯어낸다.

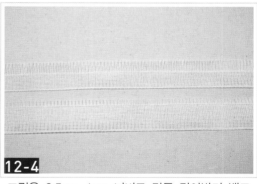

12-4

그림은 0.5cm, 1cm 너비로 만든 말아박기 밴드 이다.

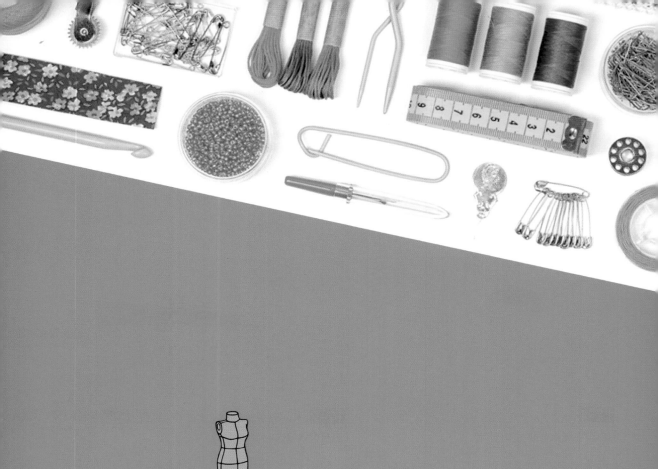

양장기능사 실기
CRAFTSMAN DRESS MAKING

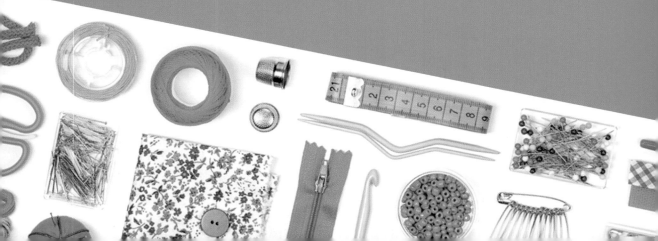

기초 봉제

(솔기처리)

01 가름솔

스커트나 바지 등 일반적으로 가장 많이 이용되는 솔기처리 방법이다.

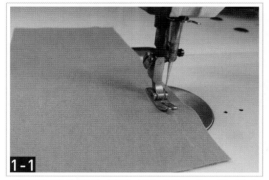

원단의 겉과 겉을 겹쳐 시접 1.5 ~ 2cm로 봉제한다.

봉제된 시접을 가름솔로 다림질한다. (올이 풀리는 원단은 시접에 오버록 처리 후 다림질한다.)

02 뉨솔

가름솔과 마찬가지로 일반적으로 많이 이용되는 솔기처리방법으로 시접을 한 쪽방향으로 뉘어 처리한다.

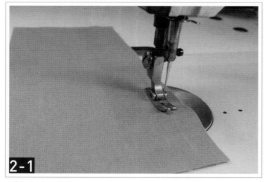

원단의 겉과 겉을 겹쳐 시접 1.5 ~ 2cm로 봉제한다.

시접을 한쪽 방향으로 넘겨 다림질한다. 시접에 0.1 ~ 0.5cm 장식 스티치를 할 수 있다.

03 접어박기

올 풀림이 적은 원단이나 오버록 처리된 시접을 접어서 봉제하는 솔기처리 방법이다.

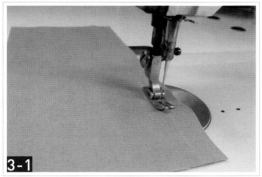

3-1

원단의 겉과 겉을 겹쳐 시접 1.5~2cm로 봉제
한다.

3-2

시접을 0.5cm 정도 접어서 끝스티치한다.

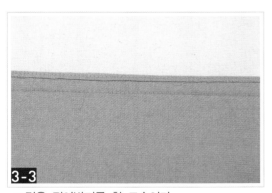

3-3

그림은 접어박기를 한 모습이다.

3-4

접어박기한 시접을 가름솔로 다림질한다.

04 / 통솔

얇고, 올이 풀리기 쉬운 원단 등에 많이 이용되는 솔기처리 방법이다.

4-1
원단의 안과 안을 겹쳐 전체시접 1.5cm에서 시접 0.5cm를 봉제한다.

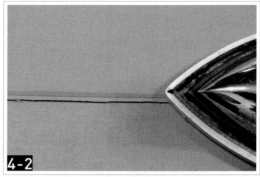
4-2
봉제된 시접을 가름솔로 다림질한다.

4-3
원단의 안쪽 면에서 봉제한 시접 가장자리를 다림질한다.

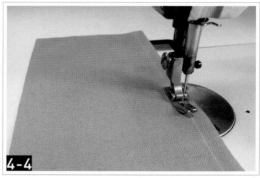
4-4
원단의 안쪽 면에서 시접 0.5cm를 뺀 나머지 시접 1cm를 봉제한다.

4-5
시접을 한 쪽 방향으로 넘겨 다림질한다.

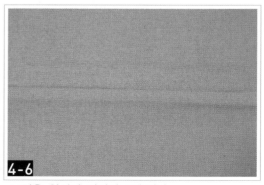
4-6
그림은 완성된 겉면의 모습이다.

05 쌈솔

원단의 겉면에 누름상침에 의한 장식스티치가 있으며, 솔기처리 방법 중 가장 튼튼하여
운동복, 아동복, 와이셔츠 등에 많이 이용되는 솔기처리 방법이다.

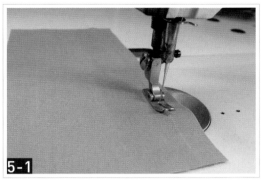

5-1

원단의 겉과 겉을 겹쳐 시접 1.5 ~ 2cm를 봉제
한다.

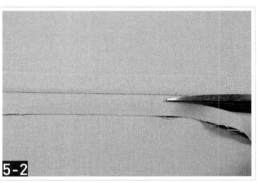

5-2

스티치 할 위치의 시접을 0.3 ~ 0.4cm 잘라낸다.

5-3

넓은 시접으로 짧은 시접을 0.6cm 너비로 감
싸고, 시접을 다림질한다.

5-4

시접 끝을 0.1cm 누름상침한다.

5-5

봉제선을 다림질한다.

5-6

그림은 완성된 겉면의 모습이다.

기초 봉제(솔기처리)

06 바이어스 테이프 솔기

안감이 들어가지 않은 의복이나 스커트, 원피스 단시접에 이용되는 솔기처리방법이다.

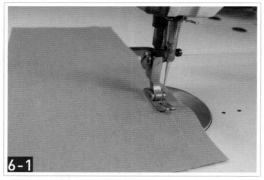

원단의 겉과 겉을 겹쳐 시접 1.5 ~ 2cm로 봉제한다.

몸판시접에 3cm 너비의 바이어스감을 올려 0.3 ~ 0.5cm 너비로 시접을 봉제한다.

바이어스감으로 봉제한 시접을 감싸면서 0.1cm 끝스티치한다.

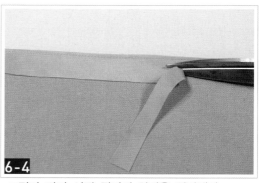

그림과 같이 시접 뒷면의 안감을 잘라낸다.

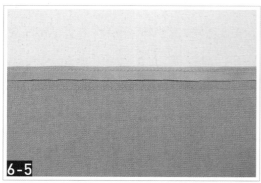

그림은 몸판의 봉제선보다 바이어스감을 짧게 자른 모습이다.

시접을 가름솔로 다림질한다.

07 / 입술 단추 구멍

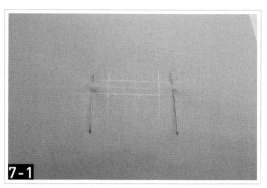

7-1

몸판의 안쪽 면(심지접착면)에 입술단추구멍 크기 가로 2.5cm, 폭 0.3cm, 0.3cm로 두 줄을 표시한다.

7-2

원단을 바이어스 방향으로 자르고 심지를 붙인 입술감을 7-1의 위치에 원단의 겉과 겉을 겹쳐 고정시킨다.

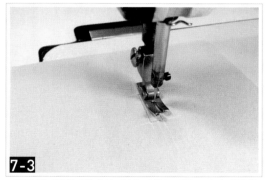

7-3

몸판의 안쪽 면에서 입술단추구멍을 직사각형태로 봉제한다.

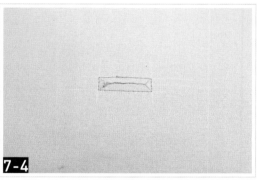

7-4

그림과 같이 봉제한 입술단추구멍을 Y자로 자른다.

7-5

자른 입술구멍사이로 입술감을 안으로 넣는다.

7-6

입술감의 시접을 각각 0.3cm씩 맞잡고 양끝 삼각 시접을 봉제한다.

기초 봉제(손기초리)

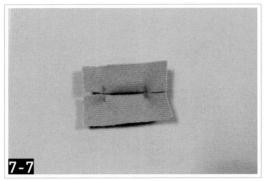

7-7

그림은 7-6의 양쪽 삼각시접을 봉제한 모습이다.

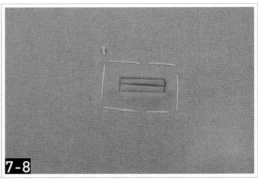

7-8

몸판과 안단을 맞대고 원단이 움직이지 않게 입술 단추구멍 주변을 시침질한다.

7-9

안단에서 입술단추구멍의 크기만큼 Y자로 잘라 시접을 7-8과 동일한 모양으로 시접을 안쪽으로 접어서 공구르기한다.

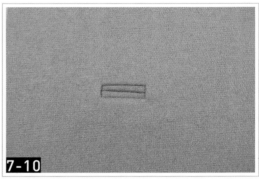

7-10

그림은 완성된 겉면의 모양으로 안쪽면도 겉면과 동일한 모양이다.

08 버튼홀 단추 구멍

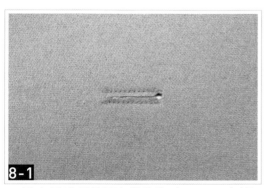

8-1

그림과 같이 단추구멍 위치에 가로 2.8cm(단추 크기＋0.3cm), 폭 0.4cm로 두 줄 봉제 후 중심 선과 머리(○)모양으로 자른다.

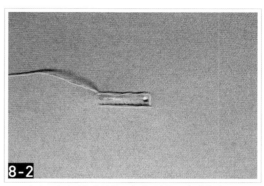

8-2

그림과 같이 봉제선을 따라 실을 연결한다. (실에 초를 바른 후 다림질하면 실이 엉키는 것을 방지할 수 있다.)

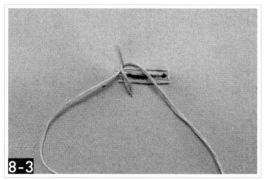

8-3

실이 나온 반대편으로 빼낸 후 실을 시계방향으로 돌려 엉키지 않게 뺀다.

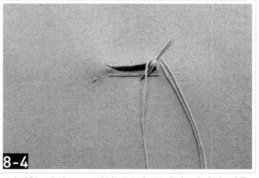

8-4

일정한 간격으로 직선부분이 끝나면 이어서 단추 구멍 머리(○)부분도 마찬가지로 바느질한다.

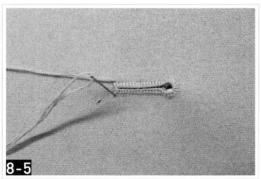

8-5

단추 구멍을 마무리할 때는 바느질한 간격보다 조금 넓게 세로로 실을 빼내어 마무리한다.

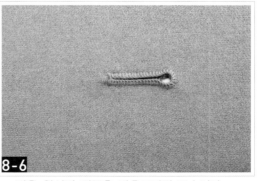

8-6

그림은 완성된 버튼홀 단추구멍의 모습이다.

양 장 기 능 사　실 기
CRAFTSMAN DRESS MAKING

PART

04

재킷
(Jacket)

토르소 원형의 각 부위 명칭

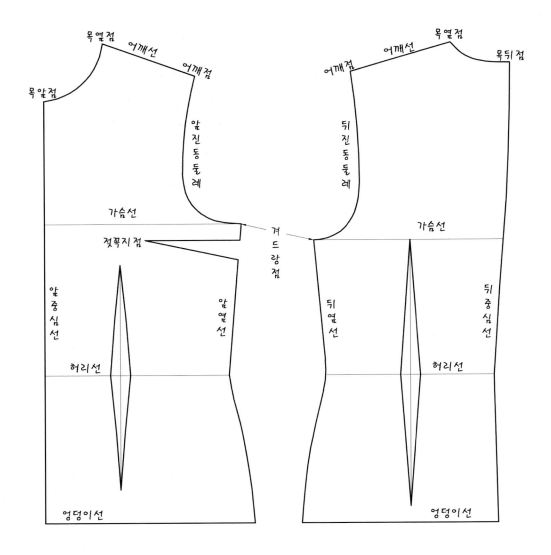

가슴둘레	B	Bust Circumference	목뒤점	B.N.P	Back Neck Point
허리둘레	W	Waist Circumference	어깨선	S.L	Shoulder Length
엉덩이둘레	H	Hip Circumference	어깨끝점	S.P	Shoulder Point
목앞점	F.N.P	Front Neck Point	진동둘레선	A.H	Arm Hole
가슴선	B.L	Bust Line	겨드랑점	S	Side Point
젖꼭지점	B.P	Bust Point	옆선	S.S	Side Line
허리선	W.L	Waist Line	뒤중심선	C.B.L	Center Back Line
엉덩이선	H.L	Hip Line	앞중심선	C.F.L	Center Front Line
목옆점	S.N.P	Side Neck Point			

토르소 원형 설계도

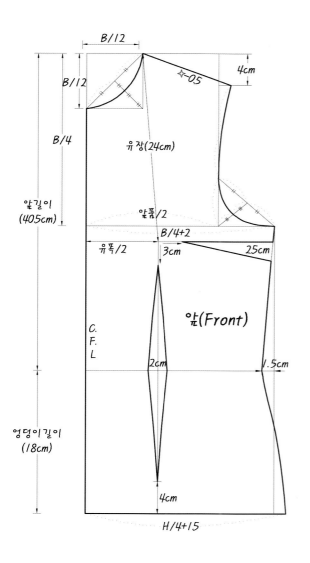

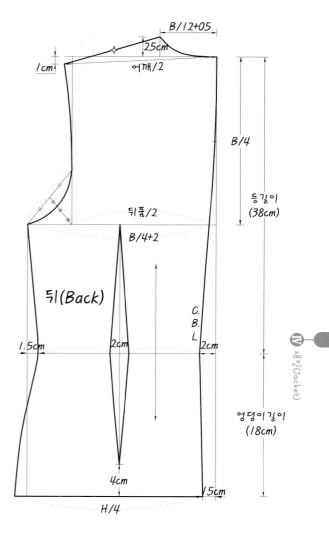

앞(Front)

뒤(Back)

B/12

B/12

B/4

☆-05

4cm

유장(24cm)

앞길이
(40.5cm)

앞품/2

B/4+2

유폭/2

3cm

25cm

C.
F.
L

2cm

1.5cm

엉덩이길이
(18cm)

4cm

H/4+15

B/12+05

25cm

어깨/2

1cm

B/4

등길이
(38cm)

뒤품/2

B/4+2

C.
B.
L

1.5cm

2cm

2cm

엉덩이길이
(18cm)

4cm

1.5cm

H/4

재킷(Jacket)

소매의 각 부위 명칭

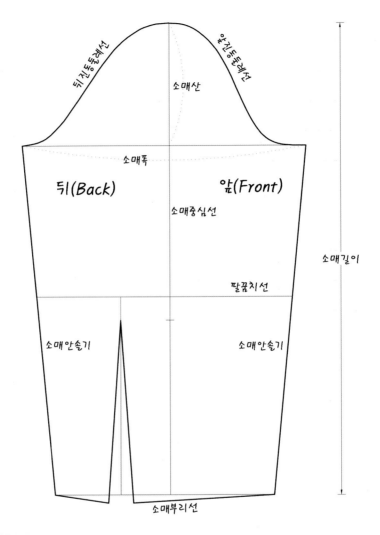

뒤진동둘레선

앞진동둘레선

소매산

뒤(Back)

앞(Front)

소매폭

소매중심선

팔꿈치선

소매길이

소매안솔기

소매안솔기

소매부리선

앞진동둘레	F.A.H	Front Armhole
뒤진동둘레	B.A.H	Back Armhole
소매산높이	Ah	Armhole Hight / Cap Hight
소매폭	B.G	Bicep Girth
소매중심선	C.L	Center Line
팔꿈치선	E.L	Elbow Line
소매부리선	H.W	Hand Wrist
소매길이	S.L	Sleeve Length

MEMO

작업 지시서

재단 및 봉제 시 유의사항(5개 이상)	원·부자재 소요량			
	원·부자재	규격	소요량	단위
1. 원단은 식서방향으로 재단한다.	원단	150cm	1.7	yd
2. 안감은 몸판에만 넣는다.	안감	110cm	1	yd
3. 몸판의 진동둘레시접은 바이어스, 안감의 진동둘레 시접은 말아박기한다.	심지	110cm	1	yd
4. 소매시접을 접어박기 후 가름솔 한다.	재봉실	40s/2합	1	com
5. 좌·우의 칼라와 라펠 모양을 동일하게 한다.	단추	25mm	1	ea
6. 소매트임은 없으며, 소매밑단과 몸판 밑단시접을 바이어스로 처리한다.		15mm	2	ea
7. 양입술 플랩포켓으로 포켓 크기를 12×5cm로 한다.	어깨패드	4mm	1	pair(쌍)
8. 단추구멍은 버튼홀스티치한다.	식서테이프	10mm	4	yd

※ 매회 시험마다 적용 치수 및 지시사항이 다를 수 있으므로 출제 시험지를 잘 확인하여 작성한다.

※ 작업지시서는 반드시 흑색 또는 청색 필기구를 사용한다. (연필 사용 시 무효처리)

01

피크드 칼라 재킷
(Peaked Collar Jacket)

피크드 칼라 재킷(Peaked Collar Jacket) 기출문제			
자격종목	양장기능사	과제명	상 의
시험시간	표준시간 : 7시간, 연장시간 : 없음		
요구사항	1) 지급된 재료를 사용하여 디자인과 같은 피크드 칼라 재킷을 제작하시오. 2) 디자인과 같은 작품을 적용치수에 맞게 제도, 재단하여 의상을 제작하시오. 3) 디자인과 동일한 패턴 2부를 제도하여 1부는 마름질에 사용하고, 다른 1부는 제작한 작품과 함께 채점용으로 제출하시오. (제출한 패턴 제도에는 기초선과 제도에 필요한 부호, 약자를 표시합니다.) 4) 다음 디자인의 작업 지시서를 완성하시오. 5) 적용치수는 문제에 제시된 치수로 제작하고, 제시되지 않은 치수는 디자인에 맞게 제작하시오. 　• 가슴둘레 : 84cm　　• 엉덩이둘레 : 92cm　　• 엉덩이길이 : 18cm 　• 등길이 : 38cm　　　• 앞길이 : 40.5cm　　　• 유장 : 24cm 　• 등품 : 35cm　　　　• 앞품 : 33cm　　　　• 소매길이 : 59cm 　• 소매밑단둘레 : 25cm　• 재킷길이 : 58cm			
지시사항	1) 몸판의 진동둘레 시접은 바이어스, 안감의 진동둘레 시접은 말아박기 하시오. 2) 몸판의 포켓은 양입술플랩포켓(12×5cm)으로 제작하시오. 3) 소매시접은 접어박기 후 가름솔로 처리하고, 소매단은 바이어스 후 공구르기 하시오. 4) 소매는 트임없이 그림과 같이 처리하시오. 5) 몸판의 밑단시접은 바이어스 후 공구르기 하시오. 6) 단추구멍은 단추크기에 맞게 버튼홀스티치 하시오.			
도면			

※ 매회 시험마다 지시사항과 적용치수가 다르게 출제될 수 있다.

재킷(Jacket)

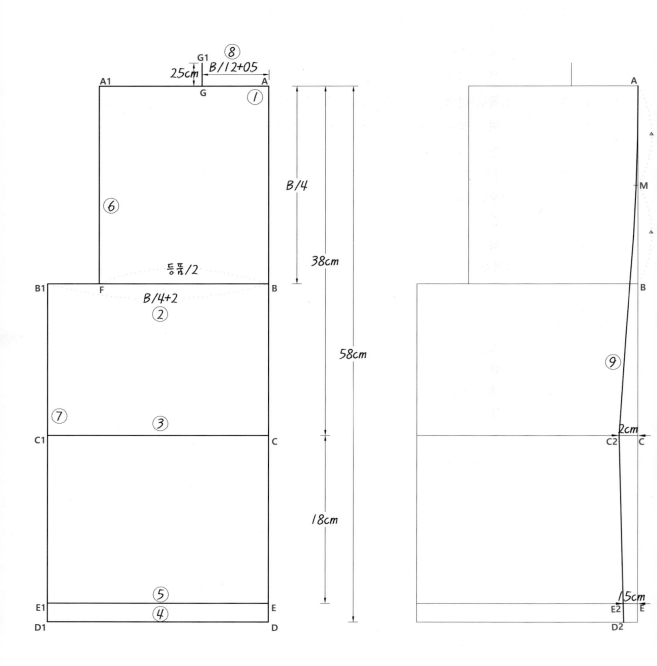

기초선

① A　　　－　직각선을 그린다.

② A－B　　－　A(목뒤)점에서 B/4를 내려 진동깊이를 그린다.

③ A－C　　－　A(목뒤)점에서 등길이 38cm를 내린다.

④ A－D　　－　A(목뒤)점에서 재킷길이 58cm를 내린다.

⑤ C－E　　－　C(허리)점에서 엉덩이길이 18cm를 내린다.

⑥ F　　　　－　B(진동깊이)점에서 등품/2 이동한 점을 F점으로 한다.

　 F－A1　　－　F점을 수직으로 올려 A선의 교차점을 A1점으로 한다.

⑦ B1－D1　－　B(진동깊이)점에서 B/4+2cm 이동한 B1점을 수직선으로 D1(밑단)점까지 내린다.

⑧ A－G　　－　A(목뒤)점에서 B/12+0.5cm 이동하여 G점으로 한다.

　 G－G1　　－　G점에서 2.5cm 올려 G1(목옆)점으로 한다.

뒤중심

⑨ A－C2　－　A－B점의 이등분점인 M점과 C점에서 2cm 들어온 C2점을 자연스러운 곡선으로 연결한다.

　 C2－D2　－　C2점과 E점에서 1.5cm 들어온 E2점을 D2(밑단)점까지 연결하여 뒤중심 선을 완성한다.

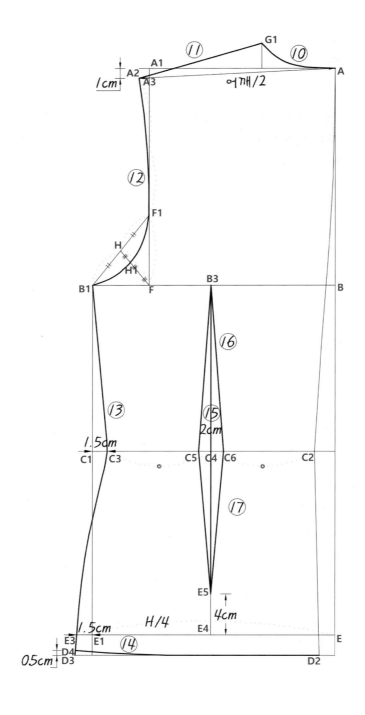

네크라인

⑩ G1-A — G1(목옆)-A(목뒤)점을 자연스러운 곡선으로 연결하여 네크라인을 완성한다.

어깨선

⑪ A1-A2 — A1점에서 1cm 내려 A2점을 수평선으로 그린다.

A3 — A(목뒤)점에서 어깨/2를 A2선상에 A3(어깨끝)점으로 표시한다.

G1-A3 — G1(목옆)점과 A3(어깨끝)점을 연결하여 뒤어깨선을 그린다.

진동(A.H)둘레

⑫ F1 — A3(어깨끝)-F(등품/2)점을 3등분하여 1/3 지점을 F1점으로 한다.

H1 — F1-B1선을 이등분한 H점과 F점을 연결하여 1/3점을 H1점으로 표시한다.

A3-F1-H1-B1을 자연스러운 곡선으로 뒤진동(A.H)둘레를 완성한다.

옆선

⑬ C1-C3 — C1점에서 1.5cm 들어온 점을 C3점으로 한다.

E1-E3 — E1점에서 1.5cm 나간 점을 E3점으로 한다.

B1-D3 — B1-C3-E3점을 자연스러운 곡선으로 D3점까지 연결하여 옆선을 완성한다.

밑단

⑭ D3-D4 — D3점에서 0.5cm 올린 점을 D4점으로 한다.

D4-D2 — D4-D2점을 자연스러운 곡선으로 밑단을 완성한다.

다트

⑮ C4 — C2-C3선의 이등분점을 C4점으로 한다.

⑯ B3 — C4(다트 중심)점을 수직선으로 올려 B선의 교차점을 B3점으로 한다.

C5, C6 — C4(다트 중심)점에서 옆선방향으로 1cm 이동한 점을 C5점, 뒤중심 방향으로 1cm 이동한 점을 C6점으로 한다.

C5-B3점, C6-B3점을 곡선으로 연결한다.

⑰ E5 — C4(다트 중심)-E(엉덩이)선의 교차점 E4점에서 4cm 올려 E5점으로 한다.

C5-E5점, C6-E5점을 곡선으로 연결하여 다트를 완성한다.

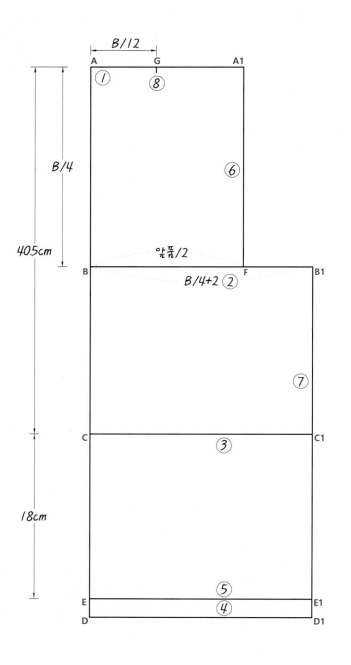

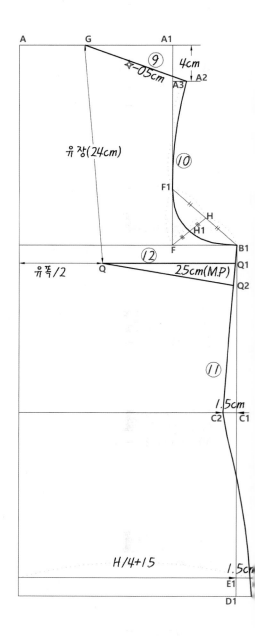

기초선

① A — 직각선을 그린다.

② A-B — A점에서 B/4를 내려 진동깊이를 그린다.

③ A-C — A점에서 앞길이 40.5cm를 내린다.

④ A-D — A점에서 60.5cm(재킷길이+다트량)를 내린다.

⑤ C-E — C(허리)점에서 엉덩이길이 18cm를 내린다.

⑥ B-F — B(진동깊이)점에서 앞품/2 이동한 점을 F점으로 한다.
F점을 수직으로 올려 A선의 교차점을 A1점으로 한다.

⑦ B1-D1 — B(진동깊이)점에서 B/4+2cm 이동한 B1점을 수직선으로 D1(밑단)점까지 내린다.

⑧ A-G — A점에서 B/12 이동한 점을 G(목옆)점으로 한다.

어깨선

⑨ A1-A2 — A1점에서 4cm 내려 A2점을 수평선으로 그린다.

A3 — G(목옆)점에서 A2선상에 [뒤어깨선-0.5cm]를 A3점으로 표시한다.

G-A3 — G(목옆)-A3(어깨끝)점을 연결하여 앞어깨선을 완성한다.

진동(A.H)둘레

⑩ F1 — A3-F를 3등분하여 1/3지점을 F1점으로 한다.

H-H1 — F1-B1선을 이등분한 H점과 F점을 연결하여 1/2지점을 H1점으로 한다.
A3-F1-H1-B1을 자연스러운 곡선으로 앞진동(A.H)둘레를 완성한다.

옆선

⑪ C1-C2 — C1점에서 1.5cm 들어온 점을 C2점으로 한다.

E1-E2 — E1점에서 1.5cm 나간 점을 E2점으로 한다.
B1-C2-E2점을 자연스러운 곡선으로 연결 후 D2점까지 연장하여 옆선을 완성한다.

다트

⑫ Q — 앞중심에서 평행선으로 유폭/2 들어온 점과 G(목옆)점에서 평행선으로 유장길이(24cm)를 내려서 교차점을 Q(B.P)점으로 한다.

Q-Q1 — Q(B.P)점의 수평선과 옆선의 교차점을 Q1점으로 한다.

Q-Q2 — Q1점에서 다트분량 2.5cm를 내린 Q2점과 Q(B.P)점을 연결하여 다트를 완성한다.

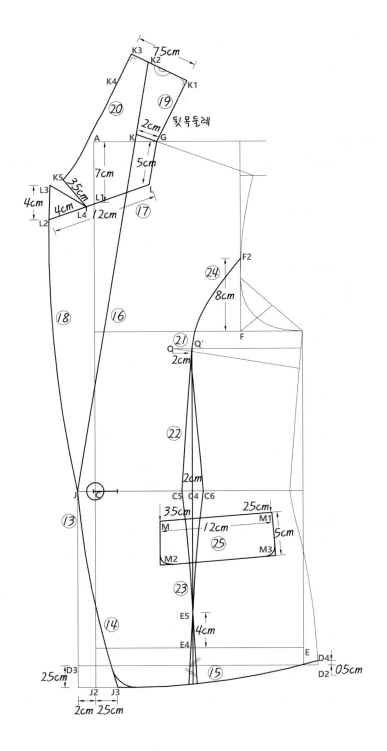

앞여밈 / 밑단

⑬ **C-J** — C점에서 앞여밈분량 2cm 나간 J점을 수직선으로 D3점까지 그린다.

D3-J1 — D3점에서 재킷 앞처짐 분량 2.5cm를 내린다.

⑭ **J-J3** — 앞중심선인 J2점에서 옆선방향으로 2.5cm 들어온 점을 J3점으로 하고, J-J3점을 곡선으로 연결한다.

⑮ **J3-D4** — J3점과 D2점에서 0.5cm 올린 D4점을 자연스러운 곡선으로 연결한다.

J3 — J3점을 둥근 곡선으로그린다 .

라펠

⑯ **G-K** — G(목옆)점에서 앞중심 방향으로 2cm 나간 점을 K점으로 한다.

J-K — J-K점을 연결하여 라펠 꺾임선을 그린다.

⑰ **G-L** — G점에서 5cm 내린 L점을 J-K(라펠 꺾임)선과 평행선으로 그린다.

A-L1 — A점에서 7cm 내려 L1점으로 한다.

L-L2 — L-L1점을 연결하여 12cm 나간 점을 L2점으로 한다.

⑱ **J-L3** — J-L2점을 자연스러운 곡선으로 연결하고, L2점에서 4cm 올려 L3점으로 한다.

L3-L4 — L2점에서 4cm 들어간 L4점과 L3점을 연결하여 라펠을 완성한다.

칼라

⑲ **G-K2** — G(목옆)점에서 뒤목둘레 만큼 올린 K1점에서 5cm 직각으로 올린 점과 라펠 꺾임선의 교차점을 K2점으로 한다.

K2-K3 — K2점을 2.5cm 연장하여 K3점으로 한다.

⑳ **K5** — L3점에서 1cm 띄우고, L4점에서 3.5cm 올린 점을 K5점으로 한다.

K3-K5 — K3점에서 직각으로 3cm 내린 K4점과 K5점을 자연스러운 곡선으로 연결하여 칼라를 완성한다.

프린세스라인

㉑ **Q-Q′** — Q점에서 옆선방향을 2cm 이동한 Q′점을 수직선으로 밑단까지 내린다.

C4 — Q′선과 C(허리)선의 교차점을 C4점으로 한다.

㉒ **C5-Q′** — C4점에서 앞중심방향으로 1cm 이동한 C5점과 Q′점을 곡선으로 연결한다.

C6-Q′ — C4점에서 옆선방향으로 1cm 이동한 C6점과 Q′점을 곡선으로 연결한다.

㉓ **Q′-E6** — Q′선과 E(엉덩이)선의 교차점을 E4점으로 한다.

E4-E5 — E4점에서 4cm 올린 점을 E5점으로 한다.

C5-E5 — C5-E5점을 자연스러운 곡선으로 연결하고 E5점에서 밑단까지 직선으로 그린다.

C6-E5 — C6-E5점을 자연스러운 곡선으로 연결하고 E5점에서 밑단까지 직선으로 그린다.

㉔ **F-F2** — F점에서 8cm 올린 점을 F2점으로 한다.

F2-Q′ — F2점에서 Q′점까지 자연스러운 곡선으로 프린세스라인을 완성한다.

플랩포켓

㉕ **M** — 앞중심에서 평행선으로 7.5cm를 들어온 점과 허리선에서 3.5cm 내린 교차점을 M점으로 한다.

M-M1 — M점에서 옆선방향으로 12cm 이동한 점과 허리선에서 2.5cm 내린 교차점 M1점을 연결하여 포켓위치를 그린다.

M2-M3 — M점에서 수직선으로 5cm 내린 M2점과 M-M1선의 직각으로 5cm 내린 M3점을 연결하여 플랩포켓을 완성한다.

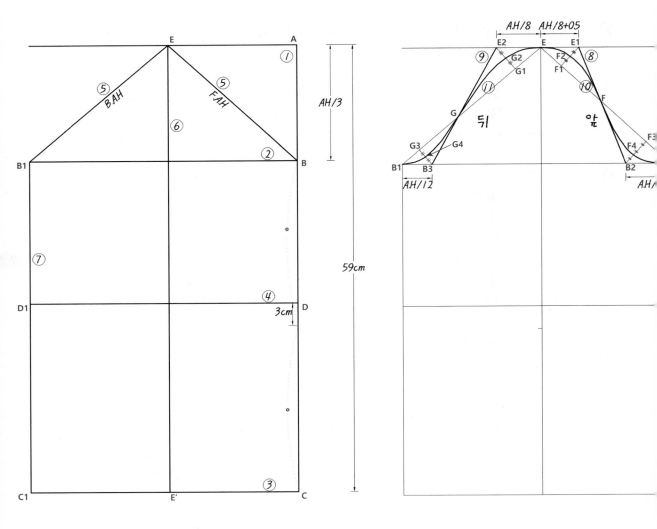

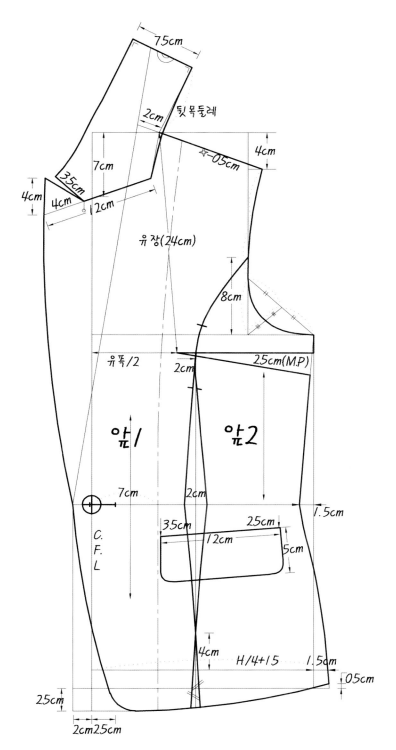

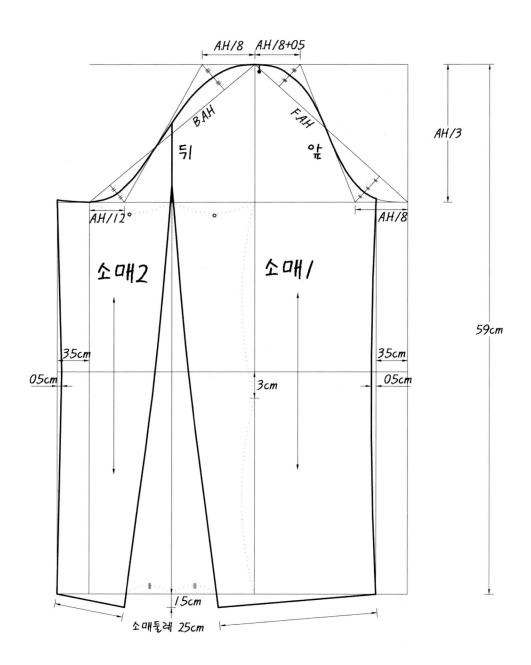

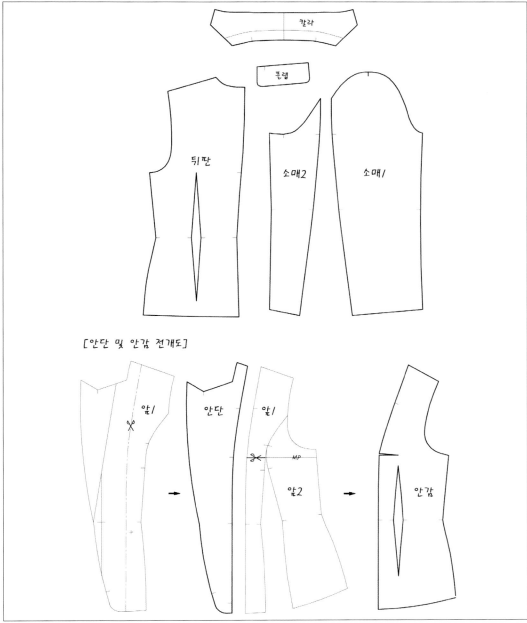

[앞판 전개]

1. 앞1에서 안단을 분리시킨다.

2. 앞2의 다트를 M.P하고, 옆선을 자연스러운 곡선으로 그린다.

3. 앞1의 가슴선을 수평으로 자르고, 앞1과 앞2의 프린세스라인 진동선과 밑단을 연결하여 프린세스라인을 다트로 수정한다.

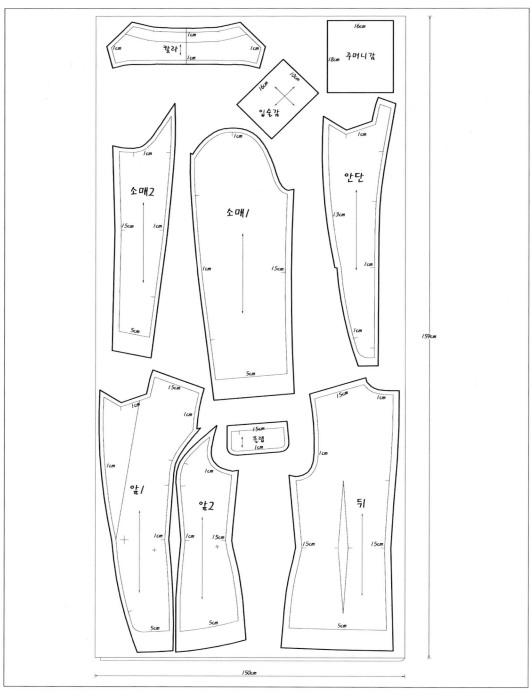

1. 전체 심지를 붙이는 앞1, 앞2, 안단, 칼라, 플랩은 시접을 크게 잘라 심지작업 후 시접정리를 한다.
   (원단 수축)

12 피크드 칼라 재킷 안감배치도

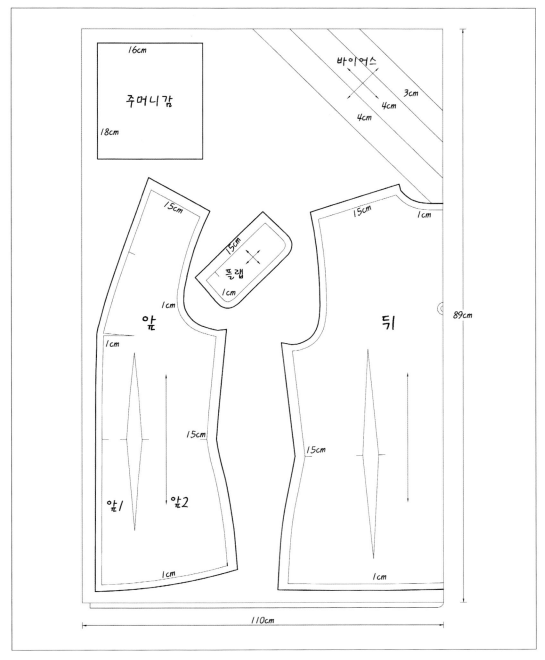

1. 뒤중심은 골선으로 재단한다.
2. 몸판의 진동둘레 바이어스감은 4cm, 밑단 바이어스감은 3cm 너비로 준비한다.
3. 안감의 시접표시는 실표뜨기보다 송곳으로 완성선을 찔러 표시하는 것이 효율적이다.

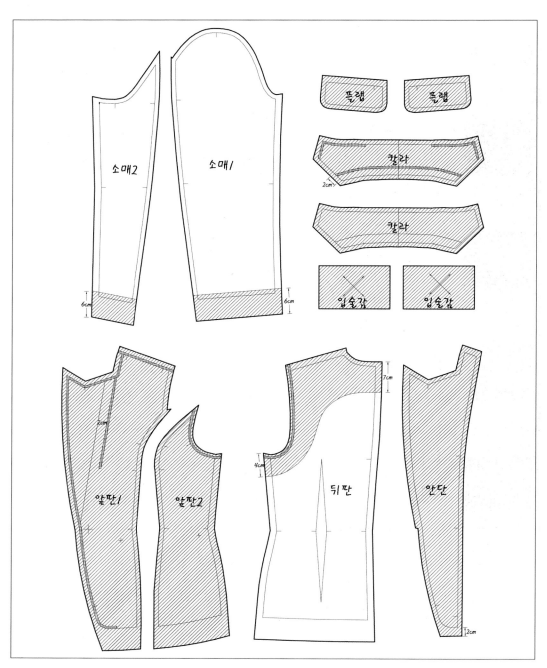

1. 그림과 같이 심지와 식서테이프를 붙인다. (입술주머니감은 바이어스 방향)
2. 앞1, 앞2, 안단, 칼라, 입술감, 플랩은 전체 심지를 붙이고 시접정리한다.
3. 앞판의 라펠 꺾임선에서 옆선방향으로 2cm 이동하여 식서테이프를 붙인다.

14 / 피크드 칼라 재킷 공정순서

봉제 (1~14번)	몸판	뒤다트 봉제	봉제 (41~61번)	몸판	플랩+입술감 스티치
		뒤중심 봉제			몸판+양입술포켓 봉제
		라펠꺾임선 봉제			앞·뒤판 옆선봉제
		앞프린세스라인 봉제			앞·뒤판 어깨봉제
	소매	소매라인 봉제		소매	소매산둘레 큰 땀 봉제
	칼라	칼라꺾임선 봉제			안솔기 봉제
		칼라 봉제		안감	진동둘레 말아박기
	포켓	플랩 봉제			앞·뒤판 옆선봉제
	안감	뒤다트 봉제	다림질 (62~72번)	몸판	옆선, 어깨 다림질
		앞다트 봉제			밑단 접어 다림질
		안단+안감봉제		소매	안솔기 다림질
		앞·뒤판 어깨봉제			슬리브헤딩 다림질
다림질 (15~40번)	몸판	뒤다트, 뒤중심 다림질		안감	진동, 옆선 다림질
		앞프린세스라인 다림질			밑단 접어 다림질
		앞주머니 위치표시	봉제 (73~86번)	몸판	밑단, 소매밑단 바이어스
	소매	소매라인 다림질			몸판+소매 봉제
		소매밑단 다림질			몸판+안감 합봉
	칼라	칼라 다림질	다림질 (87~91번)	몸판	시접정리
	포켓	플랩 다림질			시접 다림질
		입술감 접어 다림질			진동둘레 다림질
	안감	뒤다트 다림질	마무리 (92~102번)	몸판	단추구멍 봉제
		앞다트+안단 다림질			손바느질
		어깨 다림질			마무리 다림질

※ 각 아이템별 봉제과정은 위의 공정순서에 따라 이루어졌으며, 본 공정순서는 의상제작에 있어 짧은 작업 동선으로 인한 효율적인 시간관리 및 의상의 전체적인 제작공정을 빠르게 이해할 수 있도록 구성하였다.

재킷(Jacket)

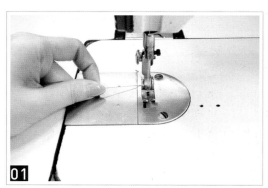

01 다트를 봉제하기 전 실매듭 2cm를 미리 빼놓는다.

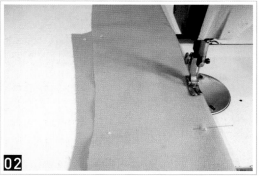

02 뒤다트를 봉제한다.(다트시작과 끝은 되돌아박기를 하지않고, 실매듭 2cm 처리한다.)

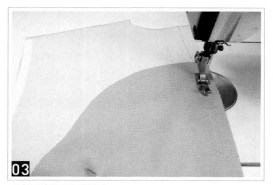

03 뒤중심을 봉제한다.

04 라펠꺾임선의 식서테이프 중심을 봉제한다.

05 앞1과 앞2의 프린세스라인을 봉제한다.

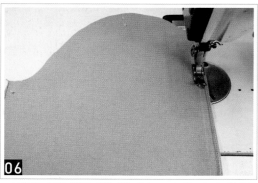

06 소매의 시접 끝을 접어박기하고, 소매1과 소매2를 봉제한다.

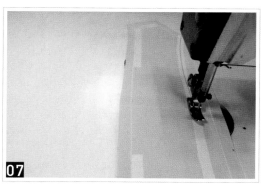

07 칼라꺾임선의 식서테이프 중심을 봉제한다.

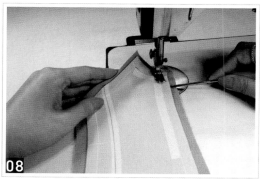

08 그림과 같이 겉칼라(밑에 있는 칼라)의 양쪽 코너 부분에 이즈를 넣으면서 봉제한다.

09 플랩 겉감을 위로 놓고, 안감에 이즈가 들어가지 않도록 안감을 살짝 당기면서 봉제한다.

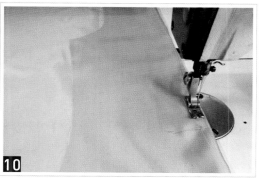

10 안감의 뒤다트를 봉제한다. (다트 시작과 끝은 되돌아박기를 하지 않고, 실매듭 2cm 처리한다.)

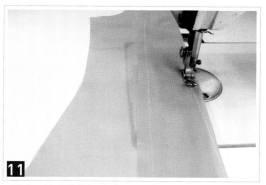

11 뒤다트와 동일한 방법으로 앞다트를 봉제한다.

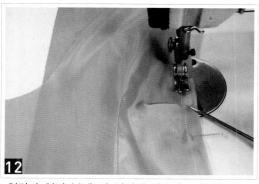

12 안단과 안감 봉제 시 안감의 가슴다트시접을 위로 향하게 접어서 봉제한다.

재킷(Jacket)

안단의 완성선에서 2.5cm 올라간 위치에 안감의
밑단을 접어서 봉제한다.

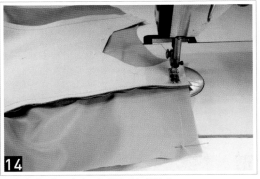

안감의 앞·뒤판 어깨를 봉제한다.

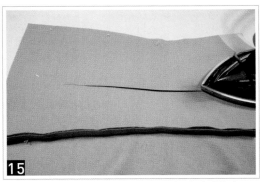

뒤다트 시접을 뒤중심으로 향하게 다림질한다.

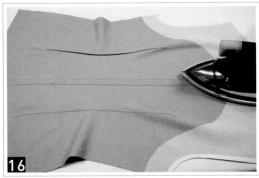

뒤중심 시접을 가름솔로 다림질한다.

앞 프린세스라인의 가슴부분을 우마 위에서 가름
솔로 다림질한다.

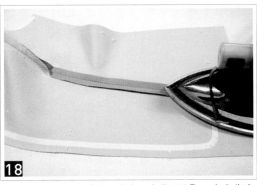

앞 프린세스라인의 허리 아랫부분을 바닥에서
가름솔로 다림질한다.

19 그림과 같이 앞판의 겉면에 주머니 위치를 표시한다.

20 소매시접을 가름솔로 다림질한다.

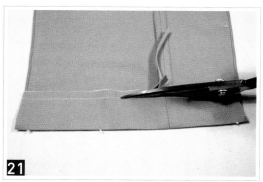

21 소매의 밑단시접을 접어다린 후 시접 4cm로 정리한다.

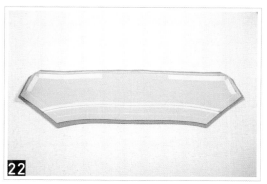

22 칼라시접은 0.3cm자르고, 양쪽 코너부분의 시접은 더 짧게 자른다. (두꺼운 원단일 경우 시접을 층내어 잘라 두께를 분산시킨다.)

재킷(Jacket)

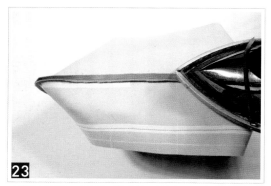

23 칼라시접을 데스망 위에서 가름솔로 다림질한다.

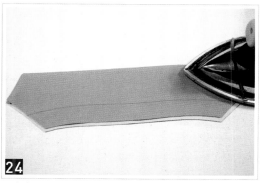

24 칼라를 뒤집어 양쪽 칼라의 곡선모양이 같은지 확인하면서 다림질한다.

그림과 같이 겉칼라를 겉으로 젖힌 상태에서 라펠과 봉제가 될 양쪽 칼라시접을 안칼라와 같은 크기로 자른다.

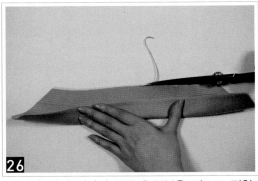

그림과 같이 칼라의 목둘레 부분을 겉으로 젖힌 상태에서 안칼라와 같은 크기로 시접을 자른다.

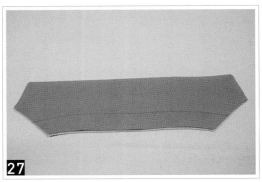

시접정리 후 겉칼라 시접은 원단 두께만큼 여유가 생긴다.

플랩시접을 전체 0.3cm 자르고, 양쪽 코너시접은 짧게 자른다.

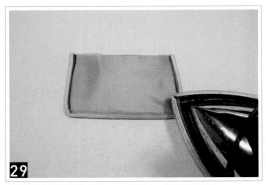

플랩시접을 안감쪽으로 접어 다림질한다.

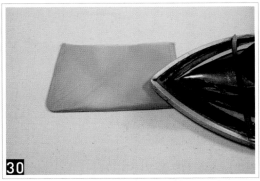

플랩을 뒤집어 안감 쪽에서 다림질한다. (겉에서 안감이 보이지 않게 주의하면서 다림질한다.)

31 그림과 같이 플랩의 위쪽 시접에 풀을 바른 후 플랩을 안으로 말아서 시접을 다림질한다.

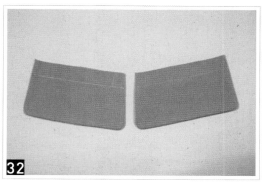

32 플랩의 겉면에 완성선과 플랩의 앞을 표시한다.

33 입술감 겉면에 1cm, 2cm 순으로 입술두께를 그린다.

34 입술두께 1cm를 먼저 접어서 다림질한다.

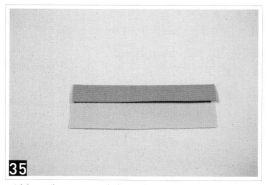

35 입술두께 2cm를 접어서 다림질한다.

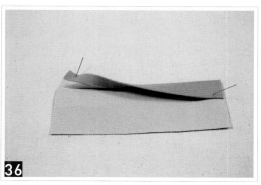

36 그림은 다림질이 끝난 입술감의 모습이다.

재킷(Jacket)

37 뒤안감의 다트 봉제선을 뒤중심으로 향하게 접어서 다림질한다.

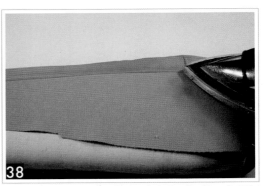

38 안감의 가슴다트는 우마 위에서 다트를 접어서 다림질한다.

39 그림은 다림질이 끝난 안단의 모습이다.

40 안감의 어깨시접은 뒤판으로 향하게 다림질한다.

41 그림과 같이 플랩의 완성선에 두께 1cm로 접은 입술감을 올려 0.5cm 스티치한다.

42 그림은 플랩에 입술감을 0.5cm 스티치한 모습이다.

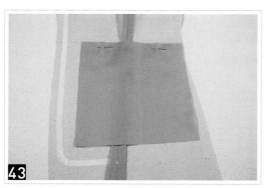

앞주머니 완성선에서 3cm 올라간 위치에 주머니
감(안감)을 핀으로 고정한다.

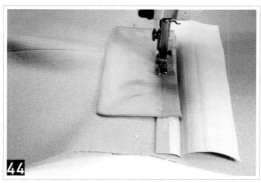

그림과 같이 입술감의 중심선과 앞주머니의 완
성선을 맞춰서 고정한 후 플랩의 스티치선(42번)
을 따라 봉제한다.

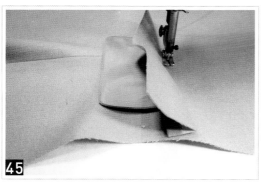

그림과 같이 입술감 시접을 위로 향하게 하고,
44번의 스티치 길이와 동일하게 0.5cm 스티치 한다.
이때, 플랩 시접이 같이 봉제되지 않게 주의한다.

플랩시접을 젖혀 입술감의 중심선(1cm 접은 선)을
자른다.

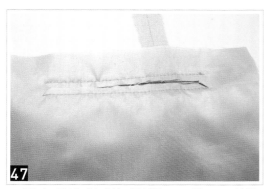

그림과 같이 봉제선 중심을 Y모양으로 양쪽
시접을 자른다.

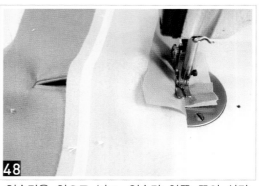

입술감을 안으로 넣고, 입술감 양쪽 끝의 삼각
시접과 입술감 시접을 봉제한다. 이때, 플랩이
같이 봉제되지 않게 주의한다.

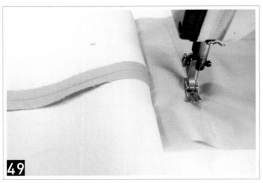

49 주머니감(안감)을 위로 놓고, 아래쪽 입술감 시접과 같이 봉제한다.

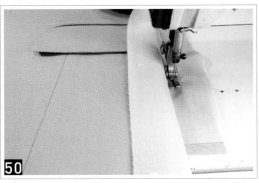

50 플랩을 바깥쪽으로 뺀 후 주머니감(겉감+안감)을 U형태로 주머니 봉제한다.

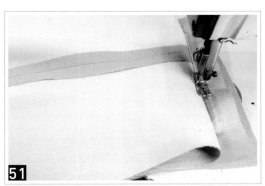

51 겉에서 양입술주머니의 입구를 맞물리게 핀으로 고정한 후 주머니 위쪽 시접을 봉제한다.

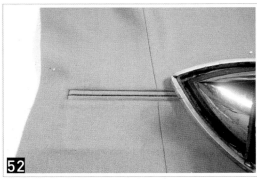

52 양입술주머니의 양쪽 각부분을 또렷하게 나오 도록 다림질한다.

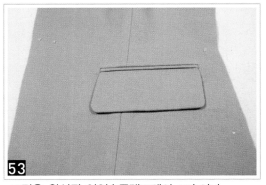

53 그림은 완성된 양입술플랩포켓의 모습이다.

54 앞·뒤판 옆선을 봉제한다.

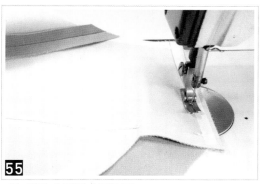

55 앞·뒤판 어깨를 봉제한다.

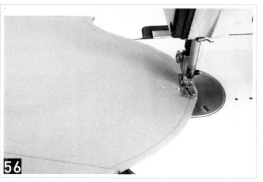

56 소매산둘레 시접은 큰 땀수로 되돌아박기 없이 0.5cm 간격으로 두 줄 봉제한다.

57 소매시접 끝을 접어박기 후 소매의 안솔기를 봉제한다.

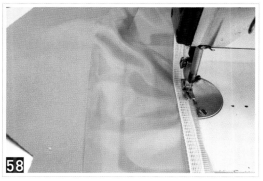

58 안감의 진동둘레 시접에 비접착 벨트심을 올려 0.5cm 봉제한다. (p.25 참고)

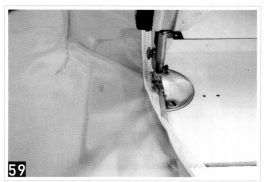

59 비접착 벨트심을 안으로 뒤집어 시접을 끝스티치한다.

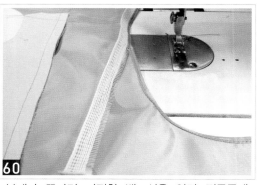

60 봉제가 끝나면 비접착 벨트심을 안감 진동둘레에서 분리시킨다.

재킷(Jacket)

61 안감의 앞·뒤판 옆선을 봉제한다.

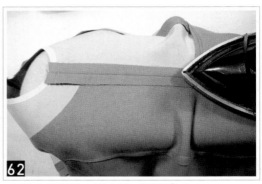

62 몸판의 옆선을 가름솔로 다림질한다.

63 몸판의 어깨시접을 가름솔로 다림질한다.

64 몸판의 밑단을 접어다린 후 시접 4cm로 정리
한다.

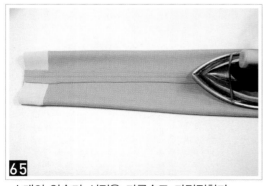

65 소매의 안솔기 시접을 가름솔로 다림질한다.

66 안감의 옆선시접을 뒤중심으로 향하게 접어서
다림질한다.

안감의 진동둘레를 데스망 위에서 다림질한다.

안감의 밑단은 13번의 접힌 분량만큼 말아접고, 안단과 밑단 시접의 경계지점부터 안단시접은 앞 중심으로 향하게 접어서 다림질한다.

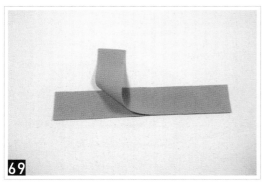

슬리브헤딩을 21 × 3.5cm 바이어스방향으로 두 장 자른다.

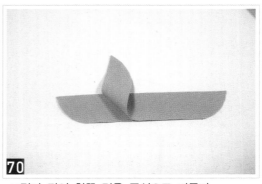

그림과 같이 한쪽 면을 곡선으로 자른다.

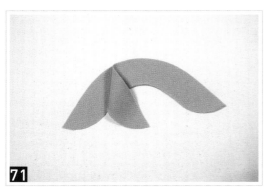

그림과 같이 슬리브헤딩을 곡선모양으로 다림질 한다.

슬리브헤딩 양끝을 포개어 앞진동을 뒤진동보다 1cm 짧게 표시한다.

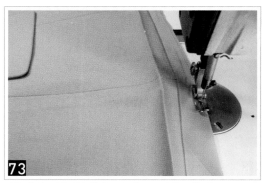

73 몸판의 밑단시접에 바이어스감을 올려 0.3 ～ 0.5cm 너비로 봉제한다.

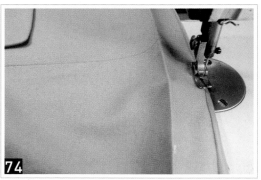

74 바이어스감으로 밑단시접을 감싸면서 바이어스감 위를 끝스티치한다.

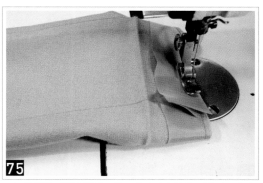

75 소매단은 원통형이므로 바이어스감을 먼저 접어서 봉제한다.

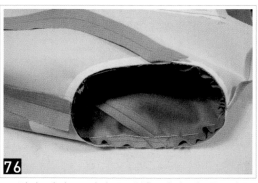

76 그림과 같이 56번의 두 실을 당겨 이즈를 만들고, 몸판의 진동둘레 시접과 소매산둘레 시접을 봉제 전 시침질하여 미리 소매형태를 확인한다.

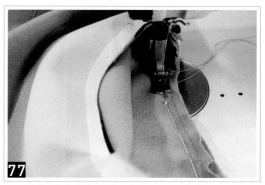

77 그림과 같이 시침질한 곳을 따라 봉제한다.

78 슬리브헤딩을 소매산둘레에 놓고, 77번 봉제선을 따라 봉제한다.

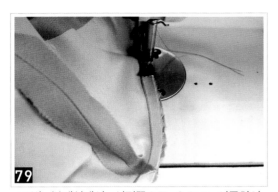

78번 봉제선에서 시접쪽으로 0.5cm 이동하여 시접을 봉제한다.

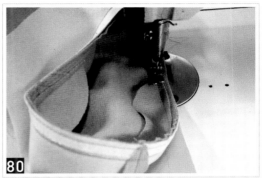

진동둘레에 바이어스(4cm) 시작부분을 접은상태로 놓고, 78번 봉제선을 따라 봉제한다.

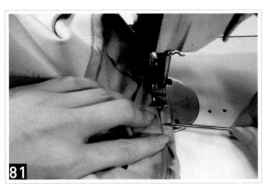

바이어스감으로 진동둘레의 시접을 감싸면서 끝스티치한다.

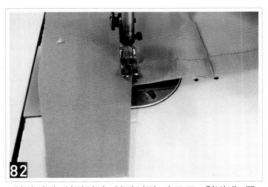

안단시접-안감밑단-안단시접 순으로 한번에 끝스티치한다.

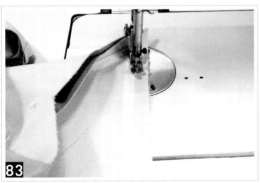

그림과 같이 몸판과 안단을 겹쳐 안단의 라펠 끝부분에 이즈가 들어가도록 봉제한다.

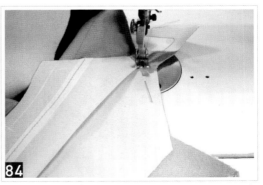

몸판의 라펠 끝과 칼라 끝을 정확히 맞춰 봉제한다. 이때, 겉칼라는 안감과 봉제되고, 안칼라는 겉감과 봉제된다.

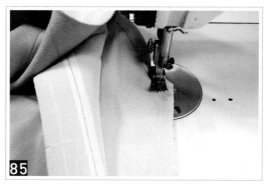

칼라에 이즈가 들어가지 않게 봉제한다.

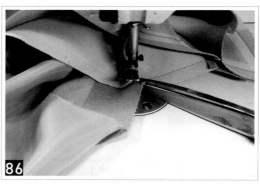

그림과 같이 몸판 라펠의 각진부분에 바늘을 내린 상태에서 시접(몸판)을 바늘 위치까지 자르고 몸판과 칼라 네크라인을 봉제한다.

칼라의 안으로 접힌 시접을 자른다.

라펠의 각진 시접을 사선으로 자른다.

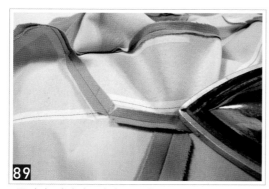

몸판과 칼라네크라인 시접을 데스망 위에서 가름솔로 다림질한다.

라펠과 앞중심 시접을 0.3 ~ 0.5cm 시접정리 후 데스망 위에서 가름솔로 다림질한다.

진동둘레의 늘어난 부분을 데스망 위에서 다림질한다.

그림은 89번 다림질 후 몸판과 안감의 가름솔 시접을 겹쳐 반박음질한 모습이다.

그림은 몸판시접을 다림질한 후 몸판의 시접을 시침질한 모습이다.

소매 밑단 시접을 시침질한다.

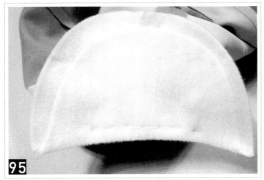

어깨패드를 반으로 접어 앞을 1cm 짧게하고, 어깨패드의 양쪽 5cm를 남겨두고 반박음질한다.

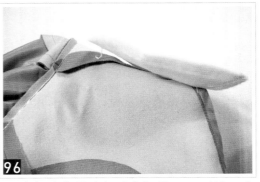

그림과 같이 몸판과 어깨패드를 1cm 사슬뜨기한다.

재킷(Jacket)

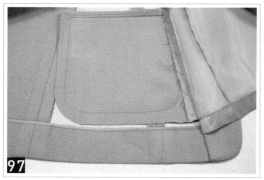

97

그림은 밑단을 공구르기하고, 안단은 세발뜨기한 모습이다.

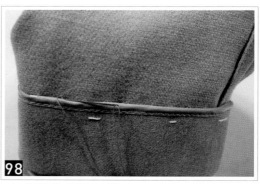

98

소매밑단을 공구르기한다.

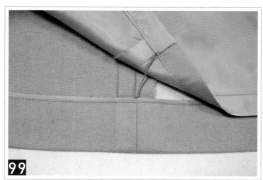

99

몸판옆선과 안감옆선을 4cm 사슬뜨기한다.

100

어깨패드와 안감 어깨끝을 1cm 사슬뜨기로 연결하고, 몸판과 안감의 겨드랑이 부분을 감침질한다.

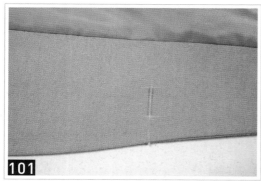

101

단추구멍 위치에 가로 2.5cm, 폭 0.4cm로 두 줄 봉제한다. (p.35 참고)

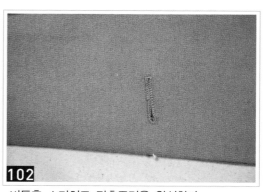

102

버튼홀 스티치로 단추구멍을 완성한다.

13 피크드 칼라 재킷 완성 작품

재킷 앞모습

재킷 옆모습

재킷 뒷모습

재킷(Jacket)

작업 지시서

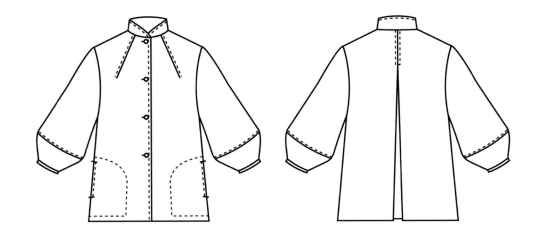

재단 및 봉제 시 유의사항 (5개 이상)				원·부자재 소요량		
1. 원단을 식서방향으로 재단한다. 2. 안감은 몸판에만 넣는다. 3. 몸판의 진동둘레 시접은 바이어스, 안감의 진동둘레 　 시접은 말아박기한다. 4. 뒤중심에 맞주름 분량 10cm를 넣는다. 5. 소매절개선 길이는 10cm, 소매부리는 원단으로 바이 　 어스 처리한다. 6. 솔기주머니의 길이를 13cm로 한다. 7. 전체 스티치 간격을 0.5cm로 한다. 8. 단추구멍을 양입술단추구멍으로 한다.				원·부자재	규격	소요량	단위
				원단	150cm	1.7	yd
				안감	110cm	1	yd
				심지	110cm	1	yd
				재봉실	40s/2합	1	com
				단추	23mm	4	ea
				어깨패드	4mm	1	pair(쌍)
				식서테이프	10mm	3	yd

※ 매회 시험마다 적용치수 및 지시사항이 다를 수 있으므로 출제 시험지를 잘 확인하여 작성한다.
※ 작업지시서는 반드시 흑색 또는 청색필기구를 사용한다. (연필 사용 시 무효처리 됨)

CHAPTER 02

스탠드 칼라 재킷
(Stand Collar Jacket)

스탠드 칼라 재킷(Stand Collar Jacket) 기출문제			
자격종목	양장기능사	과제명	상 의
시험시간	표준시간 : 7시간, 연장시간 : 없음		
요구사항	1) 지급된 재료를 사용하여 디자인과 같은 스탠드 칼라 재킷을 제작하시오. 2) 디자인과 같은 작품을 적용치수에 맞게 제도, 재단하여 의상을 제작하시오. 3) 디자인과 동일한 패턴 2부를 제도하여 1부는 마름질에 사용하고, 다른 1부는 제작한 작품과 함께 채점용으로 제출하시오. (제출한 패턴 제도에는 기초선과 제도에 필요한 부호, 약자를 표시합니다.) 4) 다음 디자인의 작업 지시서를 완성하시오. 5) 적용치수는 문제에 제시된 치수로 제작하고, 제시되지 않은 치수는 디자인에 맞게 제 작하시오. 　• 가슴둘레 : 84cm　　• 엉덩이둘레 : 92cm　　• 엉덩이길이 : 18cm 　• 등길이 : 38cm　　　• 앞길이 : 40.5cm　　　• 유장 : 24cm 　• 등품 : 35cm　　　　• 앞품 : 33cm　　　　• 소매길이 : 44cm 　• 소매밑단둘레 : 25cm　• 재킷길이 : 59cm			
지시사항	1) 뒤 중심의 맞주름 분량을 10cm 하시오. 2) 몸판의 진동둘레 시접을 바이어스, 안감의 진동둘레 시접은 말아박기 하시오. 3) 소매절개선 길이는 10cm, 소매부리는 1cm 너비의 바이어스로 처리하시오. 4) 몸판의 솔기주머니는 13cm 하시오. 5) 단추구멍은 단추 크기에 맞게 입술단추구멍으로 하시오. 6) 밑단처리는 임의로 하고, 스티치는 전체 0.5cm 하시오.			
도면				

※ 매회 시험마다 지시사항과 적용치수가 다르게 출제될 수 있다.

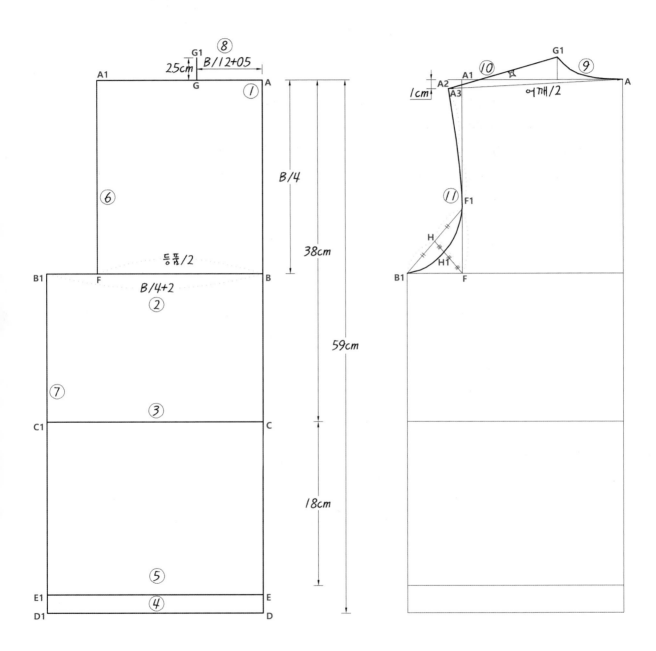

기초선

① A   — 직각선을 그린다.

② A-B   — A(목뒤)점에서 B/4를 내려 진동깊이를 그린다.

③ A-C   — A(목뒤)점에서 등길이 38cm를 내린다.

④ A-D   — A(목뒤)점에서 재킷길이 59cm를 내린다.

⑤ C-E   — C(허리)점에서 엉덩이길이 18cm를 내린다.

⑥ F   — B(진동깊이)점에서 등품/2 이동한 점을 F점으로 한다.

   F-A1   — F점을 수직으로 올려 A선의 교차점을 A1점으로 한다.

⑦ B1-D1   — B(진동깊이)점에서 B/4+2cm 이동한 B1점을 수직선으로 D1(밑단)점까지
                 내린다.

⑧ A-G   — A(목뒤)점에서 B/12+0.5cm 이동하여 G점으로 한다.

   G-G1   — G점에서 2.5cm 올려 G1(목옆)점으로 한다.

네크라인

⑨ G1-A   — G1(목옆)점에서 A(목뒤)점을 자연스러운 곡선으로 연결한다.

어깨선

⑩ A1-A2   — A1점에서 1cm 내려 A2점을 수평선으로 그린다.

   A3   — A(목뒤)점에서 어깨/2를 A2선상에 A3(어깨끝)점으로 표시한다.

   G1-A3   — G1(목옆)점과 A3(어깨끝)점으로 연결하여 뒤어깨선을 그린다.

진동(A.H)둘레

⑪ F1   — A3(어깨끝)-F(등품/2)점을 3등분하여 1/3지점을 F1점으로 한다.

   H1   — F1-B1선을 이등분한 H점과 F점을 연결하여 1/3점을 H1점으로 표시한다.
                 A3-F1-H1-B1을 자연스러운 곡선으로 뒤진동(A.H)둘레를 완성한다.

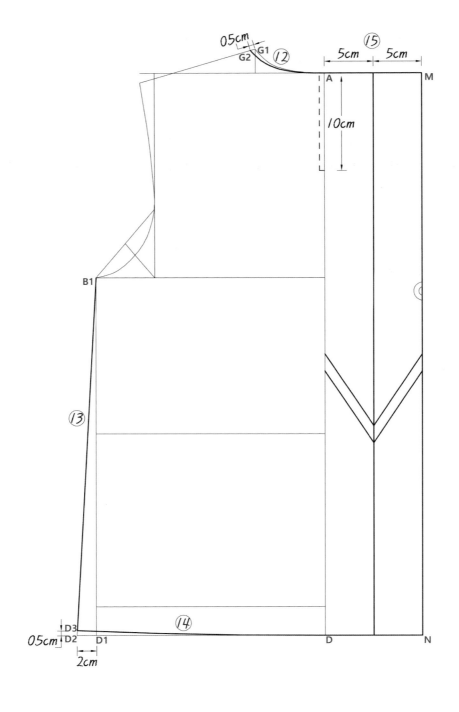

네크라인

⑫ G2-A – G1(목옆)점에서 어깨선 방향으로 0.5cm 이동한 G2점과 A(목뒤)점을 자연
스러운 곡선으로 연결하여 네크라인을 완성한다.

옆선/밑단

⑬ B1-D2 – D1점에서 2cm 나간 점을 D2점으로 한다.
B1-D2점을 연결하여 옆선을 완성한다.

⑭ D3-D – D2에서 0.5cm 올린 D3점에서 D점까지 자연스러운 곡선으로 밑단을
완성한다.

맞주름

⑮ M-N – A-D선을 평행으로 10cm 이동하여 M-N선을 그린다.
A-M, D-N의 이등분점을 수직선으로 내리고 맞주름 표시를 한다.

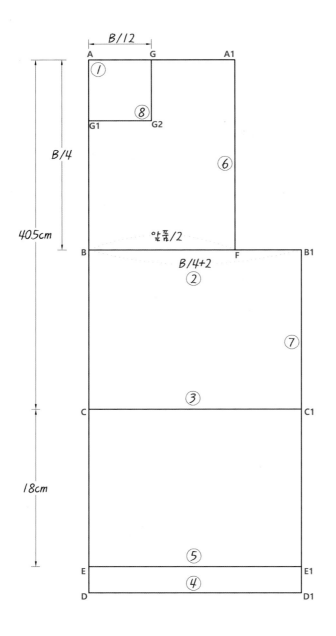

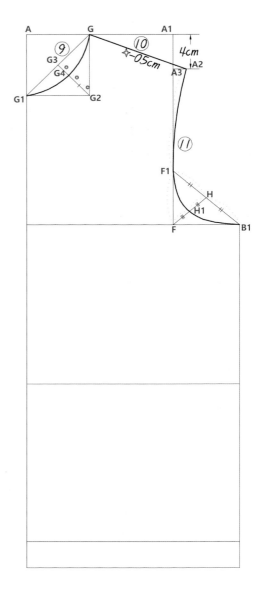

기초선

① A — 직각선을 그린다.

② A-B — A점에서 B/4를 내려 진동깊이를 그린다.

③ A-C — A점에서 앞길이 40.5cm를 내린다.

④ A-D — A점에서 60.5cm(재킷길이+다트량)를 내린다.

⑤ C-E — C(허리)점에서 엉덩이길이 18cm를 내린다.

⑥ B-F — B(진동깊이)점에서 앞품/2 이동한 점을 F점으로 한다.
F점을 수직으로 올려 A선의 교차점을 A1점으로 한다.

⑦ B1-D1 — B(진동깊이)점에서 B/4+2cm 이동한 B1점을 수직선으로 D1(밑단)점까지 내린다.

네크라인

⑧ A-G — A점에서 B/12 이동한 점을 G(목옆)점으로 한다.

A-G1 — A점에서 B/12 내린 점을 G1(목앞)점으로 한다.
G점 수직선과 G1점 수평선의 교차점을 G2점으로 한다.

⑨ G2-G3 — G-G1선의 이등분점 G3점과 G2점을 연결한다.

G4 — G2-G3선의 3등분점을 G4점으로 한다.
G-G4-G1을 곡선으로 연결한다.

어깨선

⑩ A1-A2 — A1점에서 4cm 내려 A2점을 수평선으로 그린다.

G-A2 — G(목옆)점에서 A2선상에 [뒤어깨선-0.5cm]를 A3점으로 표시한다.

G-A3 — G(목옆)-A3(어깨끝)점을 연결하여 앞어깨선을 완성한다.

진동(A.H)둘레

⑪ F1 — A3-F를 1/3지점을 F1점으로 한다.

H-H1 — F1-B1선을 이등분한 H점과 F점을 연결하여 1/2점을 H1로 한다.
A3-F1-H1-B1을 자연스러운 곡선으로 앞진동(A.H)둘레를 완성한다.

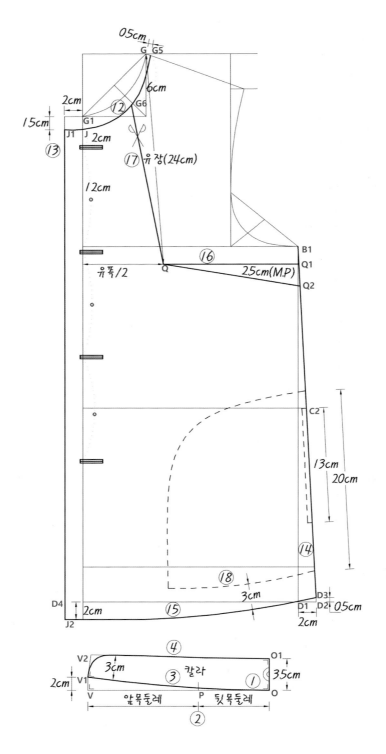

네크라인

⑫ G5   –   G(목옆)점에서 어깨방향으로 0.5cm 나간 점을 G5점으로 한다.

    J-G5   –   G1(목앞점)에서 1.5cm 내린 J점과 G5점을 곡선으로 연결하여 네크라인을 완성한다.

앞여밈

⑬ J1-D4   –   J점에서 앞여밈분량 2cm 나간 J1점을 수직선으로 D4점까지 내린다.

옆선/밑단

⑭ B1-D2   –   D1점에서 2cm 나간 점을 D2점으로 하고, B1-D2점을 연결하여 옆선을 그린다.

⑮ D4-J2   –   D4점에서 재킷 앞처짐 분량 2.5cm를 내려 J2점으로 한다.

    J2-D2   –   J2점에서 수평선으로 9cm 이동한 점과 D2점에서 0.5cm 올린 D3점을 자연스러운 곡선으로 연결한다.

다트

⑯ Q   –   앞중심에서 평행선으로 유폭/2 들어온 점과 G(목옆)점에서 평행선으로 유장길이(24cm)를 내려서 교차점을 Q(B.P)점으로 한다.

    Q-Q1   –   Q(B.P)점의 수평선과 옆선의 교차점을 Q1점으로 한다.

    Q-Q2   –   Q1점에서 다트분량 2.5cm를 내린 Q2점과 Q(B.P)점을 연결하여 다트를 완성한다.

⑰ G5-G6   –   G5점에서 네크라인을 따라 6cm 내린 점을 G6점으로 한다.

    G6-Q   –   G6-Q(B.P)점을 연결하고, 아래로 향하게 가위표시를 한다.

주머니

⑱ 주머니   –   C2점에서 13cm 내려 솔기주머니를 그린다.

    C2점에서 1.5cm 올린 점과 밑단에서 3cm 올려 디자인에 맞게 주머니 모양을 그린다.

스탠드 칼라

① O   –   직각선을 그린다.

② O-V   –   O점의 수평선상에 뒷목둘레 P점과 앞목둘레 V점을 표시한다.

    O-O1   –   O점을 수직선으로 3.5cm 올려 O1점을 표시한다.

③ V1-P   –   V점에서 2cm 올린 V1점을 P점까지 자연스러운 곡선으로 그린다.

④ V2-O1   –   V1선에서 직각으로 3cm 올린 V2점과 O1점을 자연스러운 곡선으로 연결하고, 칼라의 앞부분을 곡선으로 그린다.

재킷(Jacket)

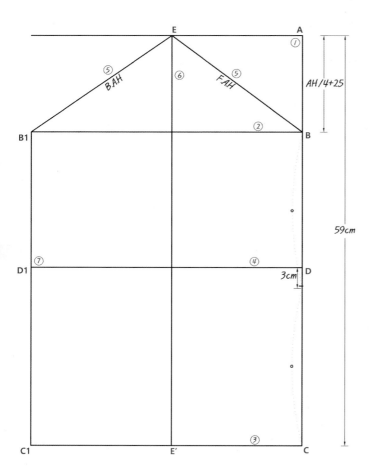

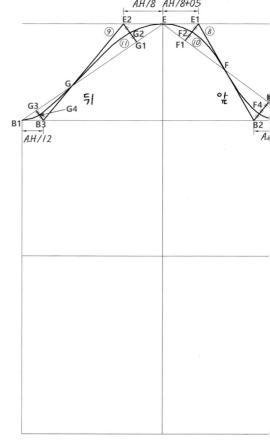

기초선

① A — 직각선을 그린다.

② A-B — A점에서 소매산 높이 A.H/4+2.5cm를 내린다.

③ A-C — A점에서 소매길이 59cm를 내린다.

④ B-C — B-C점의 이등분점에서 3cm 올려 D(팔꿈치)선을 그린다.

⑤ B-E — A-B선의 교차점에서 F.A.H(앞진동둘레)를 A선상에 E점으로 표시하고, B-E점을 연결한다.

E-B1 — E점에서 B선상에 B.A.H(뒤진동둘레)를 B1점으로 표시하고, E-B1점을 연결한다.

⑥ E-E' — E점에서 C(소매길이)선까지 수직선으로 내리고, 교차점을 E'점으로 한다.

⑦ B1-C1 — B1점에서 C(소매길이)선까지 수직선으로 내리고, 교차점을 C1점으로 한다.

진동(A.H)둘레선

⑧ E-E1 — E점에서 앞판방향으로 A.H/8+0.5cm를 이동한 점을 E1점으로 한다.

B-B2 — B점에서 뒤판방향으로 A.H/8를 이동한 점을 B2점으로 한다.

E1-B2 — E1점과 B2점을 연결한다.

E-B선과 E1-B2선의 교차점을 F점으로 한다.

⑨ E-E2 — E점에서 뒤판방향으로 A.H/8를 이동한 점을 E2점으로 표시한다.

B1-B3 — B1점에서 앞판방향으로 A.H/12를 이동한 점을 B3점으로 표시한다.

E2-B3 — E2점과 B3점을 연결한다.

E-B1점과 E2-B3점의 교차점을 G점으로 한다.

⑩ F1 — E-F 선상에서 E1점을 향한 직각선의 교차점을 F1점으로 한다.

F2 — F1-E1점을 연결하고, 이등분점을 F2점으로 한다.

F3 — B-F 선상에서 B2점을 향한 직각선의 교차점을 F3점으로 한다.

F4 — B2-F3점을 연결하고, 3등분점을 F4점으로 한다.

E-F2-F-F4-B점을 자연스러운 곡선으로 연결하여 앞진동둘레선을 완성한다.

⑪ G1 — E-G 선상에서 E2점을 향한 직각선의 교차점을 G1점으로 한다.

G2 — G1-E2점을 연결하고, 이등분점을 G2점으로 한다.

G3 — B1-G 선상에서 B3점을 향한 직각선의 교차점을 G3점으로 한다.

G4 — B3-G3점을 연결하고, 이등분선을 G4점으로 한다.

E-G2-G-G4-B1점을 자연스러운 곡선으로 연결하여 뒤진동둘레선을 완성한다.

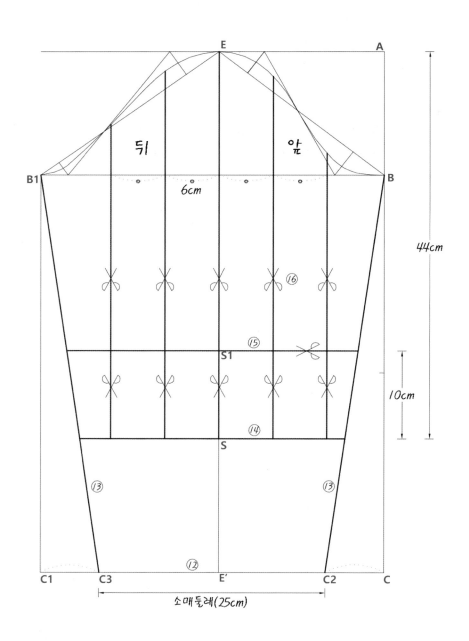

소매솔기

⑫ C2-C3 - C-C1선상에 소매둘레 25cm를 뺀 나머지 cm를 C점과 C1점에서 양쪽 으로 1/2씩 들어온 점을 C2, C3점으로 한다.

⑬ B-C2 - B-C2을 연결한다.

     B1-C3 - B1-C3를 연결한다.

소매절개선

⑭ E-S - E점에서 소매길이 44cm를 내린 S점을 수평선으로 그린다.

⑮ S-S1 - S선에서 수평선으로 10cm 올려 소매절개선을 그린다.

⑯ E-S - E-S선의 앞판방향으로 6cm씩 수직선을 그린다.

     E-S선의 뒤판방향으로 6cm씩 수직선을 그린다.

07 스탠드 칼라 재킷 뒤판 완성 패턴

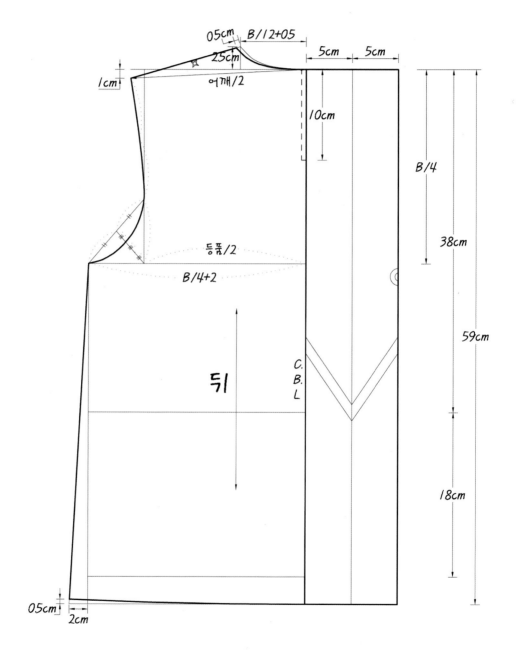

12 스탠드 칼라 재킷 안감 배치도

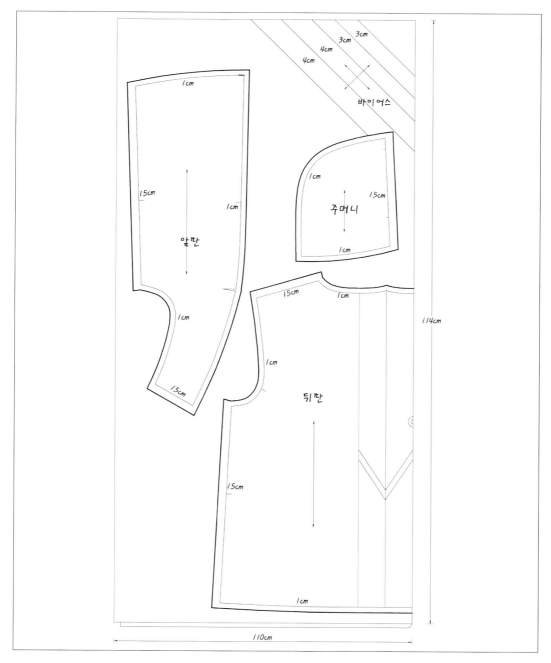

1. 뒤중심의 맞주름 분량 10cm를 포함하여 골선 재단한다.
2. 몸판의 진동둘레 바이어스감은 4cm, 밑단 바이어스감은 3cm 너비로 준비한다.
3. 안감의 시접표시는 실표뜨기보다 송곳으로 완성선을 찔러 표시하는 것이 효율적이다.

스탠드 칼라 재킷 심지작업

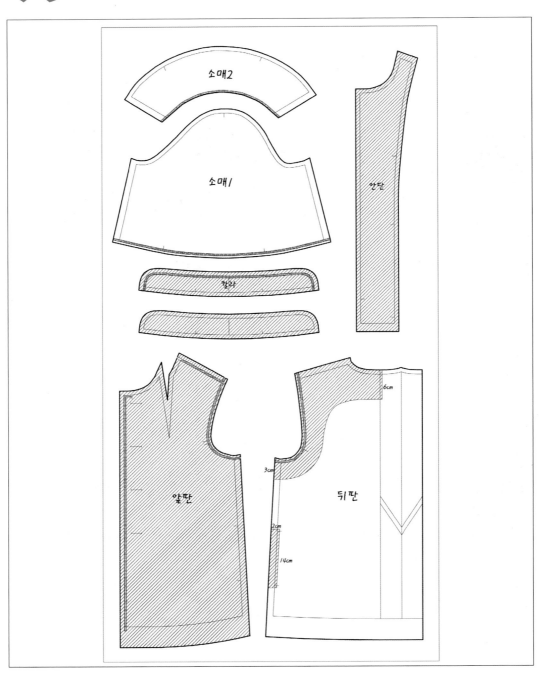

1. 그림과 같이 심지와 식서테이프를 붙인다.
2. 앞판, 칼라, 안단은 심지를 붙인 후 시접정리를 한다.

14 / 스탠드 칼라 재킷 공정순서

다림질	몸판	뒤밑단 접어 다림질	봉제 (35~38번)	소매	소매산둘레 큰땀 봉제
					안솔기 봉제
	몸판	뒤중심 봉제		안감	진동둘레 말아박기
		앞다트 봉제			앞·뒤판 옆선봉제
		단추구멍 봉제	다림질 (39~45번)	몸판	옆선 다림질
봉제 (1~15번)	소매	소매2 밑단 바이어스봉제			주머니 시침질
		소매1+소매2 봉제			어깨 다림질
		소매절개선 스티치			밑단 접어 다림질
	칼라	칼라 봉제		소매	안솔기 다림질
	안감	뒤중심 봉제			슬리브헤딩 다림질
		안단+안감 봉제		안감	진동, 옆선 다림질
		앞·뒤판 어깨봉제			밑단 접어 다림질
다림질 (16~23번)	몸판	뒤맞주름 다림질	봉제 (46~55번)	몸판	주머니모양 스티치
		앞다트 다림질			밑단 바이어스 봉제
	소매	소매바이어스 다림질		소매	몸판+소매 봉제
		소매절개선 다림질		안감	안감 밑단 접어 봉제
	칼라	칼라 다림질			맞주름 고정 봉제
	안감	뒤맞주름 다림질	다림질 (56~58번)	몸판	진동둘레 다림질
		어깨 다림질			밑단, 뒤중심 다림질
봉제 (24~34번)	몸판	뒤중심 스티치	봉제 (59~62번)	몸판	몸판+칼라 봉제
		앞다트 스티치			몸판+안감 합봉
		단추구멍 봉제	다림질 (63~66번)	몸판	시접정리
		옆선 봉제			시접 다림질
		주머니감 봉제	마무리 (67~76번)	몸판	손바느질
		몸판+주머니감 봉제			마무리 다림질
		앞·뒤판 어깨봉제			

재킷(Jacket)

※ 각 아이템별 봉제과정은 위의 공정순서에 따라 이루어졌으며, 본 공정순서는 의상 제작에 있어 짧은 작업동선으로 인한 효율적인 시간관리 및 의상의 전체적인 제작공정을 빠르게 이해할 수 있도록 구성하였다.

15 / 스탠드 칼라 재킷 봉제과정

01 뒤판의 밑단을 접어서 다림질하고, 뒤중심의 스티치 끝나는 위치까지 정상땀으로 봉제한다.

02 뒤중심의 스티치 끝나는 위치부터 밑단까지 큰 땀수로 봉제한다.

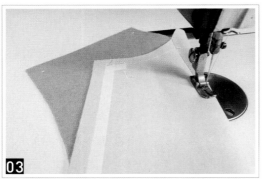

03 앞다트를 봉제한다.(다트의 끝부분은 되돌아박기를 하지않고, 실매듭 2cm로 처리한다.)

04 입술단추구멍감을 바이어스 방향으로 5×5cm, 4개(겉감)를 심지부착하여 준비한다.

05 몸판과 입술단추구멍감의 겉과 겉을 겹쳐 너비 2.5cm, 폭 0.6cm의 직사각형태로 봉제한다. (p.33 참조)

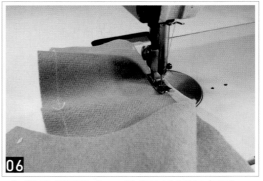

06 소매2의 밑단을 1cm 두께로 바이어스(겉감, 28×3cm) 봉제한다.

07 소매2의 밑단을 바이어스감으로 감싸면서 골스티치한다.

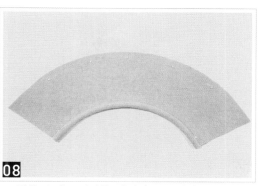

08 그림은 소매2 밑단을 바이어스 봉제한 모습이다.

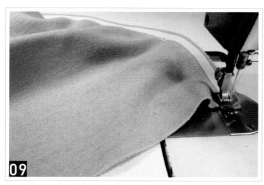

09 소매1과 소매2의 절개선을 봉제한다.

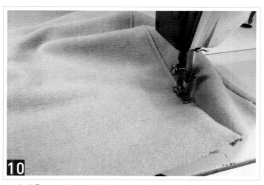

10 시접을 소매1 방향으로 향하게 0.5cm 스티치한다.

11 그림과 같이 겉칼라(밑에 있는 칼라)의 양쪽 코너부분에 이즈가 생기도록 칼라를 안으로 말아서 봉제한다.

12 안감도 겉감과 마찬가지로 뒤중심의 스티치 끝나는 위치부터 밑단까지 큰 땀수로 봉제한다.

재킷(Jacket)

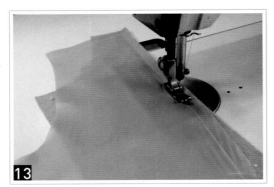

안감과 안단을 봉제한다.

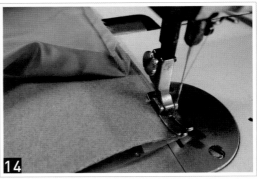

안단의 완성선에서 2.5cm 올라간 위치에 안감의
밑단을 접어서 봉제한다. (원단이 두꺼울 경우
그림과 같이 안단시접을 바이어스 봉제한다.)

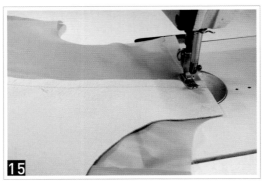

안감의 앞·뒤판 어깨를 봉제한다.

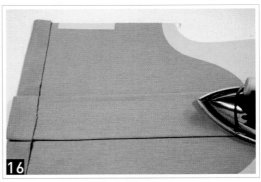

뒤판의 맞주름을 다림질한다.

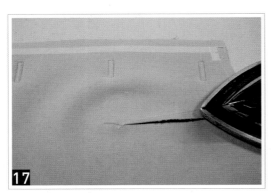

앞다트 시접을 옆선방향으로 향하게 다림질한다.

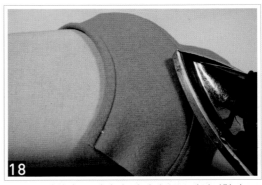

소매절개선과 소매단의 바이어스를 다림질한다.

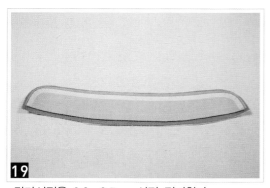
19 칼라시접을 0.3~0.5cm 시접 정리한다.

20 칼라시접을 데스망 위에서 가름솔로 다림질한다.

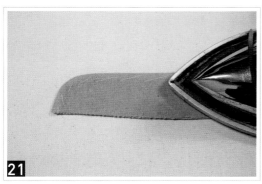
21 칼라를 뒤집어 양쪽 칼라의 곡선모양이 같은지 확인하면서 다림질한다.

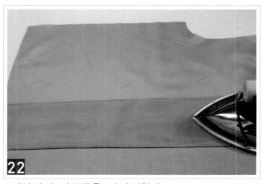
22 뒤안감의 맞주름을 다림질한다.

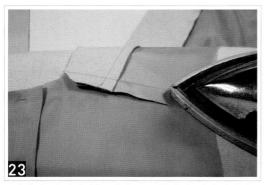
23 안감의 어깨시접은 뒤판으로 향하게 다림질한다.

24 뒤 중심선을 0.5cm 스티치하고, 네크라인 시접에 맞주름 시접을 고정시킨다.

25 앞다트 선을 0.5cm 스티치한다.

26 그림과 같이 입술단추구멍 중심을 Y모양으로 양쪽 시접을 자른다. (p.33 참고)

27 그림은 입술감 양쪽 끝의 삼각시접과 입술감 시접을 봉제한 모습이다.

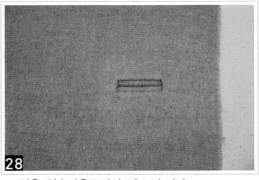
28 그림은 입술단추구멍의 겉 모습이다.

29 앞·뒤판 옆선을 봉제한다. 이때, 주머니 시작과 끝위치는 되돌아박기하고, 주머니 부분은 큰 땀수로 봉제한다.

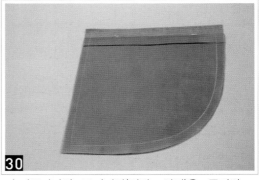
30 솔기주머니의 주머니감(겉감, 안감)을 준비하고 안감의 옆선시접 1.5cm 접어서 다림질한다.

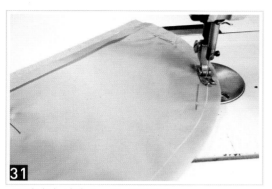
31 주머니의 시접 1cm를 봉제한다.

32 앞판의 옆선시접과 주머니감(안감)을 0.5cm 봉제한다.

33 뒤판의 옆선시접과 주머니감(겉감)을 봉제하여 솔기주머니를 완성한다.

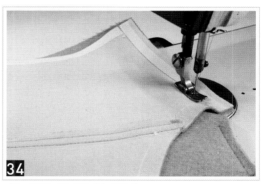
34 앞·뒤판 어깨를 봉제한다.

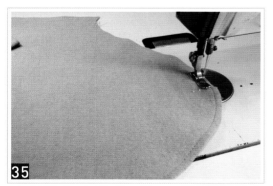
35 소매산둘레 시접은 큰 땀수로 되돌아박기 없이 0.5cm 간격으로 두 줄 봉제한다.

36 소매의 안솔기를 봉제한다.

37

안감의 진동둘레 시접에 비접착 벨트심을 올려 0.5cm 봉제한다. (p.25 참고)

38

비접착 벨트심을 안으로 뒤집어 시접을 끝스티치 하고, 앞·뒤판 옆선을 봉제한다.

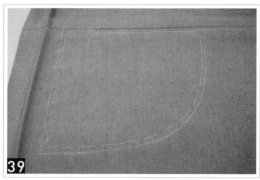

39

몸판의 밑단시접 정리 후 옆선을 가름솔로 다림질 하고, 주머니를 시침질한다.

40

몸판 어깨시접을 가름솔로 다림질한다.

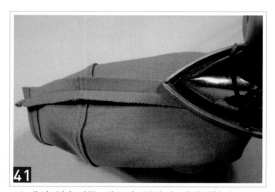

41

소매의 안솔기를 데스망 위에서 다림질한다.

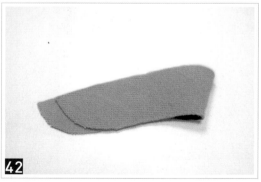

42

슬리브헤딩의 양끝을 포개어 앞진동을 뒤진동 보다 1cm 짧게 표시한다. (p.75 참고)

43 안감의 옆선시접을 뒤중심으로 향하게 접어서
다림질한다.

44 안감의 진동둘레를 데스망 위에서 다림질한다.

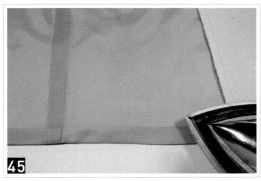

45 안감의 밑단시접은 14번의 접힌 분량만큼 말아
접어서 다림질한다.

46 주머니 모양으로 봉제한다.

47 몸판의 밑단시접에 바이어스감을 올려 0.3 ∼
0.5cm 너비로 봉제한 후 바이어스감으로 밑단
시접을 감싸면서 끝스티치한다.

48 뒤판의 맞주름 끝을 0.1cm 봉제한다.
(주름 고정)

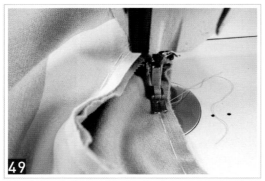

소매산둘레의 두 실을 당겨 이즈를 만든다. 진동둘레 시접을 시침질하고, 시침질한 곳을 따라 봉제한다.

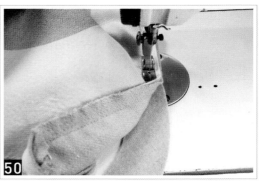

그림과 같이 슬리브헤딩을 소매산둘레에 놓고, 49번 봉제선을 따라 봉제한다.

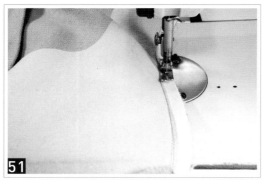

50번 봉제선에서 시접쪽으로 0.5cm 이동하여 시접을 봉제한다.

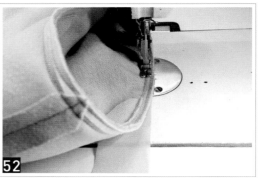

진동둘레에 바이어스(4cm) 시작부분을 접은상태로 놓고, 50번 봉제선을 따라 봉제한다.

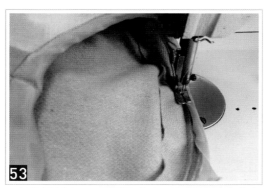

바이어스감으로 진동둘레의 시접을 감싸면서 끝스티치한다.

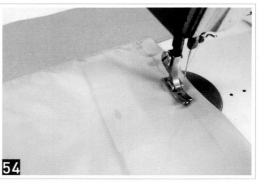

안감의 밑단시접 봉제 시 뒤판의 맞주름부분은 펼쳐진 상태로 봉제한다.

55 뒤안감의 맞주름 끝을 0.1cm 봉제한다.
(주름 고정)

56 진동둘레의 늘어난 부분을 데스망 위에서 다림질
한다.

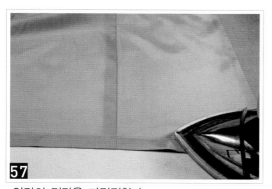

57 안감의 밑단을 다림질한다.

58 뒤안감의 맞주름을 다림질하고, 큰 땀수로 봉제한
부분을 제거한다.

59 칼라의 네크라인 시접을 봉제한다.

60 몸판의 네크라인과 칼라를 봉제한다.

재킷(Jacket)

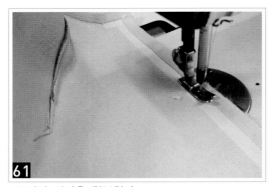
61 몸판과 안감을 합봉한다.

62 네크라인 시접을 안감으로 향하게 눕혀서 0.1cm 누름상침한다.

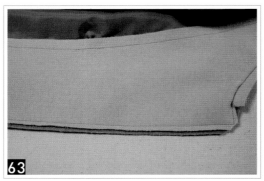
63 그림은 앞중심 시접을 0.3 ~ 0.5cm 시접정리한 모습이다.

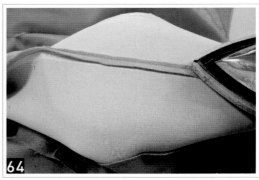
64 앞중심 시접을 데스망 위에서 가름솔로 다림질한다.

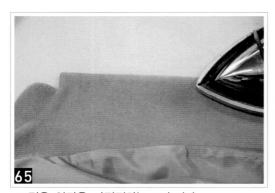
65 그림은 안단을 다림질하는 모습이다.

66 그림과 같이 네크라인이 늘어나지 않도록 몸판 네크라인의 곡선형태로 다림질한다.

67 어깨패드를 반으로 접어 앞을 1cm 짧게하고, 어깨
패드의 양쪽 5cm를 남겨두고 반박음질한다.

68 그림과 같이 몸판과 어깨패드를 1cm 사슬뜨기
한다.

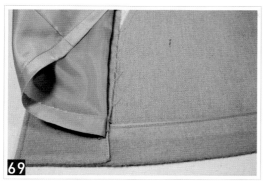

69 그림은 밑단을 공구르기하고, 안단은 세발뜨기한
모습이다.

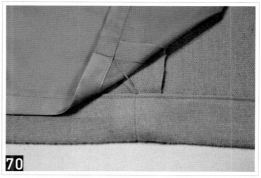

70 몸판옆선과 안감옆선을 4cm 사슬뜨기한다.

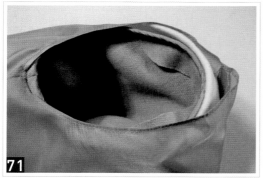

71 어깨패드와 안감 어깨끝을 1cm 사슬뜨기로 연결
하고, 몸판과 안감 겨드랑이 부분을 감침질한다.

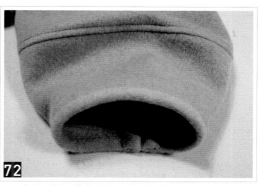

72 소매의 안솔기(바이어스감)시접을 감침질한다.

앞중심 – 칼라 – 앞중심 순으로 한번에 0.5cm 스티치한다.

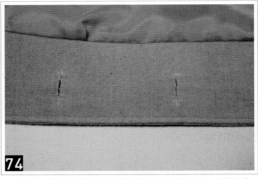

그림은 입술단추구멍 위치를 표시 후 Y로 자른다. (p.33 참고)

그림은 공구르기를 끝낸 입술단추구멍 모습이다.

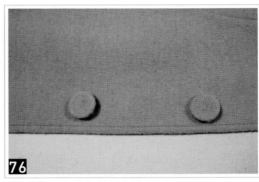

반대편 단추위치에 단추를 단다.

13 스탠드 칼라 재킷 완성 작품

재킷 앞모습

재킷 옆모습

재킷 뒷모습

재킷(Jacket)

작업 지시서

재단 및 봉제 시 유의사항(5개 이상)	원·부자재 소요량			
	원·부자재	규격	소요량	단위
1. 원단을 식서방향으로 재단한다.	원단	150cm	1.9	yd
2. 안감은 몸판과 소매에 넣고, 뒤판 페플럼부분은 넣지 않는다.	안감	110cm	1.5	yd
3. 안감의 옆선시접을 가름솔처리하고 안감이 없는 페플럼 옆선 시접은 접어서 박음질한다.	심지	110cm	1	yd
4. 앞·뒤판의 숄더프린세스라인을 어깨선에서 교차되도록 봉제한다.	재봉실	40s/2합	1	com
	단추	21mm	2	ea
5. 페플럼의 플레어를 동일한 모양으로 나오도록 한다.		15mm	2	ea
6. 숄칼라 라펠를 좌·우 동일한 모양이 나오도록 한다.	걸고리		1	pair(쌍)
7. 숄칼라가 끝나는 지점에 걸고리를 달고 좌·우에 단추를 1개씩 단다.	어깨패드	4mm	1	pair(쌍)
	식서테이프	10mm	4	yd

※ 매회 시험마다 적용치수 및 지시사항이 다를 수 있으므로 출제 시험지를 잘 확인하여 작성한다.
※ 작업지시서는 반드시 흑색 또는 청색필기구를 사용한다. (연필 사용 시 무효처리 됨)

솔 칼라 재킷
(Shawl Collar Jacket)

솔 칼라 재킷(Shawl Collar Jacket) 기출문제			
자격종목	양장기능사	과제명	상 의
시험시간	표준시간 : 7시간, 연장시간 : 없음		
요구사항	1) 지급된 재료를 사용하여 디자인과 같은 솔 칼라 재킷을 제작하시오. 2) 디자인과 같은 작품을 적용치수에 맞게 제도, 재단하여 의상을 제작하시오. 3) 디자인과 동일한 패턴 2부를 제도하여 1부는 마름질에 사용하고, 다른 1부는 제작한 작품과 함께 채점용으로 제출하시오. 　(제출한 패턴 제도에는 기초선과 제도에 필요한 부호, 약자를 표시합니다.) 4) 다음 디자인의 작업 지시서를 완성하시오. 5) 적용치수는 문제에 제시된 치수로 제작하고, 제시되지 않은 치수는 디자인에 맞게 제작하시오. 　• 가슴둘레 : 84cm　　• 엉덩이둘레 : 92cm　　• 엉덩이길이 : 18cm 　• 등길이 : 38cm　　　• 앞길이 : 40.5cm　　• 유장 : 24cm 　• 등품 : 35cm　　　　• 앞품 : 33cm　　　• 소매길이 : 59cm 　• 소매밑단둘레 : 25cm　• 재킷길이 : 58cm			
지시사항	1) 칼라는 솔칼라로 처리하시오. 2) 앞여밈은 걸고리를 달고, 좌·우에 장식단추를 하나씩 다시오. 3) 안감은 몸판과 소매에 넣고, 뒤판 페플럼은 안감이 들어가지 않게 하시오. 4) 안감의 옆선시접을 가름솔처리하고, 안감이 없는 페플럼 옆선시접은 접어서 박음질하시오.			
도면			

※ 매회 시험마다 지시사항과 적용치수가 다르게 출제될 수 있다.

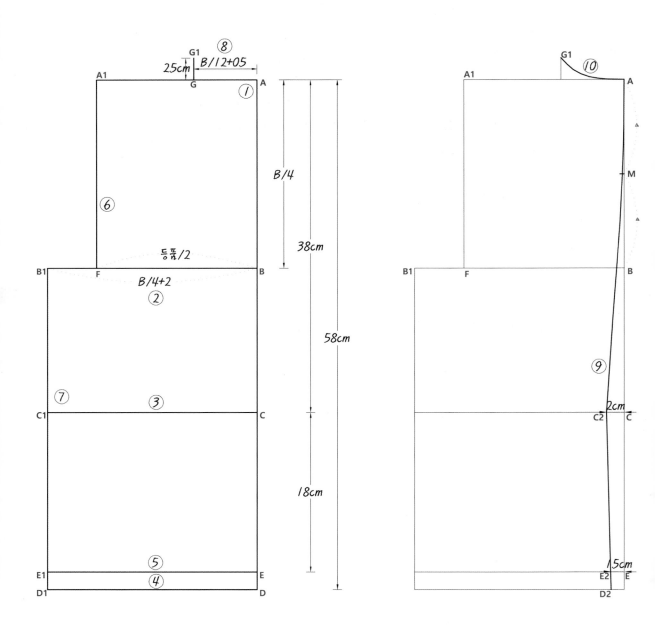

기초선

① A　　　–　직각선을 그린다.

② A–B　　–　A(목뒤)점에서 B/4를 내려 진동깊이를 그린다.

③ A–C　　–　A(목뒤)점에서 등길이 38cm를 내린다.

④ A–D　　–　A(목뒤)점에서 재킷길이 58cm를 내린다.

⑤ C–E　　–　C(허리)점에서 엉덩이길이 18cm를 내린다.

⑥ F　　　–　B(진동깊이)점에서 등품/2 이동한 점을 F점으로 한다.

　 F–A1　 –　F점을 수직으로 올려 A선의 교차점을 A1점으로 한다.

⑦ B1–D1　–　B(진동깊이)점에서 B/4+2cm 이동한 B1점을 수직선으로 D1(밑단)점까지
　　　　　　 내린다.

⑧ A–G　　–　A(목뒤)점에서 B/12+0.5cm 이동하여 G점으로 한다.

　 G–G1　 –　G점에서 2.5cm 올려 G1(목옆)점으로 한다.

뒤중심

⑨ A–C2　　–　A–B점의 이등분점인 M점과 C점에서 2cm 들어온 C2점을 자연스러운
　　　　　　 곡선으로 연결한다.

　 C2–D2　 –　C2점과 E점에서 1.5cm 들어온 E2점을 D2(밑단)점까지 연결하여 뒤중
　　　　　　 심선을 완성한다.

네크라인

⑩ G1–A　　–　G1(목옆)점에서 A(목뒤)점을 자연스러운 곡선으로 연결하여 네크라인을
　　　　　　 완성한다.

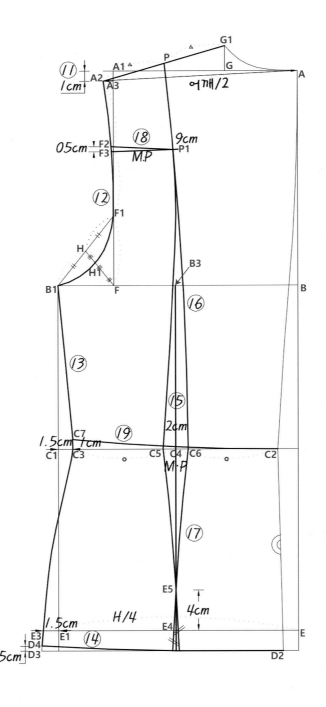

어깨선
⑪ A1−A2   −   A1점에서 1cm 내려 A2점을 수평선으로 그린다.

    A3   −   A(목뒤)점에서 어깨/2를 A2선상에 A3(어깨끝)점으로 표시한다.

    G1−A3   −   G1(목옆)점과 A3(어깨끝)점을 연결하여 뒤어깨선을 그린다.

진동(A.H)둘레
⑫ F1   −   A3(어깨끝)−F(등품/2)점을 3등분하여 1/3지점을 F1점으로 한다.

    H1   −   F1−B1선을 이등분한 H점과 F점을 연결하여 1/3점을 H1점으로 표시한다.
          A3−F1−H1−B1을 자연스러운 곡선으로 뒤진동(A.H)둘레를 완성한다.

옆선
⑬ C1−C3   −   C1점에서 1.5cm 들어온 점을 C3점으로 한다.

    E1−E3   −   E1점에서 1.5cm 나간 점을 E3점으로 한다.

    B1−D3   −   B1−C3−E3점을 자연스러운 곡선으로 D3점까지 연결하여 옆선을 완성한다.

밑단
⑭ D3−D4   −   D3점에서 0.5cm 올린 점을 D4점으로 한다.

    D4−D2   −   D4−D2점을 자연스러운 곡선으로 그린다.

솔더프린세스
⑮ C4   −   C2−C3선을 이등분점을 C4점으로 한다.

    B3   −   C4점을 수직으로 올려 B선의 교차점을 B3점으로 한다.

⑯ P   −   G1−A3의 이등분점을 P점으로 한다.

    P−C6   −   P점과 C4점에서 뒤중심방향으로 1cm 이동한 C6점을 곡선으로 연결한다.

    P1   −   P점에서 9cm 내린 점을 P1점으로 표시한다.

    P1−C5   −   P1점과 C4점에서 옆선방향으로 1cm 이동한 C5점을 곡선으로 연결한다.

⑰ E4   −   C4선과 E(엉덩이)선의 교차점을 E4점으로 한다.

    E5   −   E4점에서 4cm 올린 점을 E5점으로 한다.

    C5−E5   −   C5점과 E5점을 자연스러운 곡선으로 연결하고 밑단까지 직선으로 그린다.

    C6−E5   −   C6점과 E5점을 자연스러운 곡선으로 연결하고 밑단까지 직선으로 그린다.

진동(A.H)다트
⑱ F2   −   A3−F점의 2/3점을 F2점으로 한다.

    F2−P1   −   F2점과 P1점을 연결한다.

    F3−P1   −   F2에서 0.5cm 내린 F3점과 P1점을 연결하여 진동(A.H)다트를 그린다.

⑲ C2−C7   −   C3점에서 1cm 올린 점을 C7점으로 하고, C2−C7점을 자연스러운 곡선으로 허리절개선을 그린다.

03 숄 칼라 재킷 설계도[앞판 1]

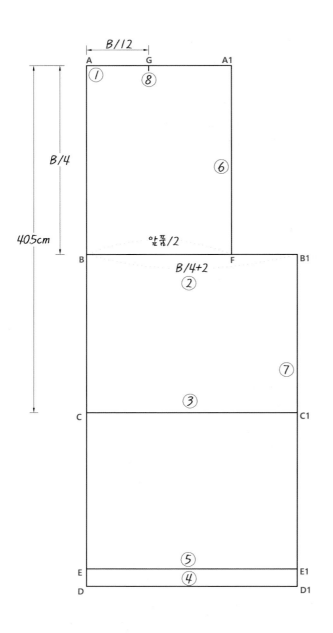

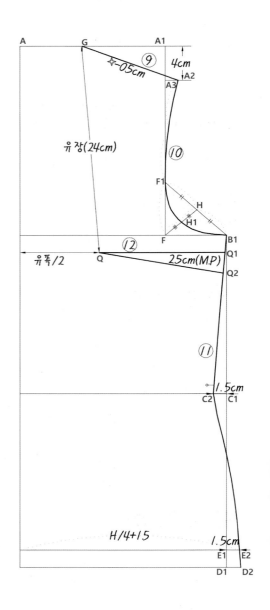

기초선

① A　－　직각선을 그린다.

② A-B　－　A점에서 소매산 높이 A.H/3를 내린다.

③ A-C　－　A점에서 소매길이 59cm를 내린다.

④ D　－　B-C점의 이등분점에서 3cm 올려 D(팔꿈치)선을 그린다.

⑤ B-E　－　A-B선의 교차점에서 F.A.H(앞진동둘레)를 A선상에 E점으로 표시하고, B-E점을 연결한다.

　 E-B1　－　E점에서 B선상에 B.A.H(뒤진동둘레)를 B1점으로 표시하고, E-B1점을 연결한다.

⑥ E-E'　－　E점에서 C(소매길이)선까지 수직선으로 내리고, 교차점을 E'점으로 한다.

⑦ B1-C1　－　B1점에서 C(소매길이)선까지 수직선으로 내리고, 교차점을 C1점으로 한다.

진동(A.H)둘레선

⑧ E-E1　－　E점에서 앞판방향으로 A.H/8+0.5cm를 이동한 점을 E1점으로 한다.

　 B-B2　－　B점에서 뒤판방향으로 A.H/8를 이동한 점을 B2점으로 한다.

　 E1-B2　－　E1점과 B2점을 연결한다.

　　　　　　E-B선과 E1-B2선의 교차점을 F점으로 한다.

⑨ E-E2　－　E점에서 뒤판방향으로 A.H/8를 이동한 점을 E2점으로 표시한다.

　 B1-B3　－　B1점에서 앞판방향으로 A.H/12를 이동한 점을 B3점으로 표시한다.

　 E2-B3　－　E2점과 B3점을 연결한다.

　　　　　　E-B1점과 E2-B3점의 교차점을 G점으로 한다.

⑩ F1　－　E-F 선상에서 E1점을 향한 직각선의 교차점을 F1점으로 한다.

　 F2　－　F1-E1점을 연결하고, 이등분점을 F2점으로 한다.

　 F3　－　B-F 선상에서 B2점을 향한 직각선의 교차점을 F3점으로 한다.

　 F4　－　B2-F3점을 연결하고, 3등분점을 F4점으로 한다.

　　　　　　E-F2-F-F4-B점을 자연스러운 곡선으로 연결하여 앞진동둘레선을 그린다.

⑪ G1　－　E-G 선상에서 E2점을 향한 직각선의 교차점을 G1점으로 한다.

　 G2　－　G1-E2점을 연결하고, 이등분점을 G2점으로 한다.

　 G3　－　B1-G 선상에서 B3점을 향한 직각선의 교차점을 G3점으로 한다.

　 G4　－　B3-G3점을 연결하고, 이등분점을 G4점으로 한다.

　　　　　　E-G2-G-G4-B1점을 자연스러운 곡선으로 연결하여 뒤진동둘레선을 그린다.

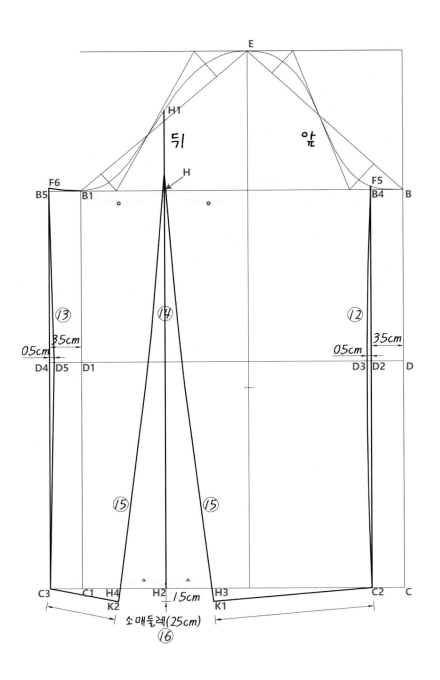

소매솔기

⑫ B4-C2 － B-C선을 뒤판방향으로 3.5cm 이동하여 B선의 교차점을 B4점, C선의
교차점을 C2점으로 하고 두 선을 직선으로 연결한다.

F5 － B4점에서 앞진동둘레선까지 연장한 교차점을 F5점으로 한다.

D3 － D2점에서 0.5cm 들어온 점을 D3점으로 한다.
F5-D3-C2점을 자연스러운 곡선으로 연결한다.

⑬ B5-C3 － B1-C1선을 뒤판방향으로 3.5cm 이동하여 B1점의 연장선을 B5점, C1점의
연장선을 C3점으로 하고 두 선을 직선으로 연결한다.

F6 － B4-F5선의 길이를 B5점에서 수직선으로 올려 F6점으로 한다.

D5 － D4점에서 0.5cm 들어온 점을 D5점으로 한다.
F6-D5-C3점을 자연스러운 곡선으로 연결한다.

⑭ H1-H2 － B1점과 E선을 이등분한 H점을 수직선으로 올려 뒤진동둘레선의 교차점을
H1, H점을 수직선으로 내려 C선의 교차점을 H2점으로 한다.

⑮ H3, H4 － C2-C3선상에서 소매둘레 25cm를 뺀 나머지 cm를 H2점을 기준으로
양쪽으로 1/2씩 나누어 H3점, H4점으로 표시한다.
H-H3, H-H4점을 각각 곡선으로 그린다.

소매부리

⑯ H3-K1 － H3점에서 1.5cm 내려 K1점으로 한다.

H4-K2 － H4점에서 1.5cm 내려 K2점으로 한다.
C2-K1점을 연결하고, C3-K2점을 연결하여 소매부리를 완성한다.

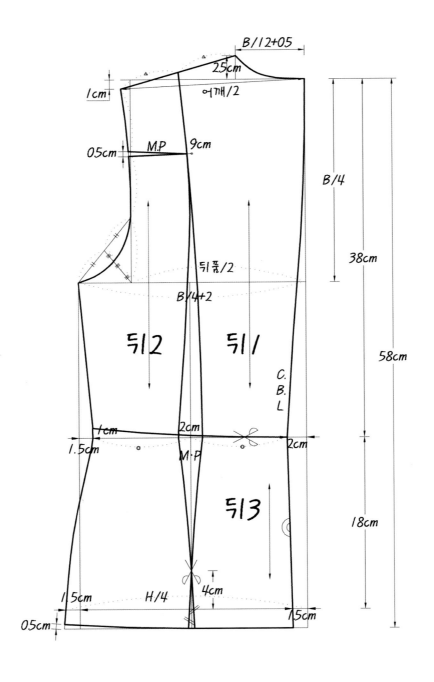

솔 칼라 재킷 앞판 완성 패턴

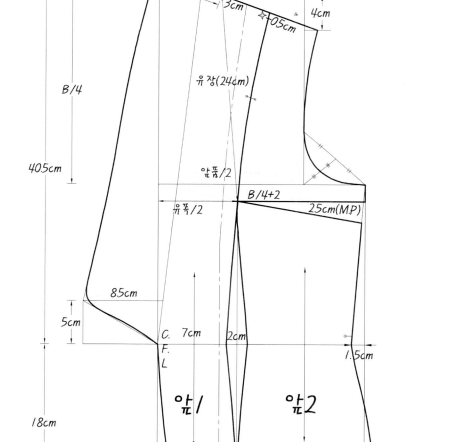

7.5cm

뒷 목둘레

7.5cm

2cm

3cm

0.5cm

4cm

B/4

유장(24cm)

40.5cm

앞품/2

B/4+2

유폭/2

2.5cm(M.P)

8.5cm

5cm

C.
F.
L

7cm

2cm

1.5cm

앞1

앞2

18cm

4cm

1.5cm

1.5cm

H/4+15

0.5cm

3cm

제1(Jacket)

09 솔 칼라 재킷 소매 완성 패턴

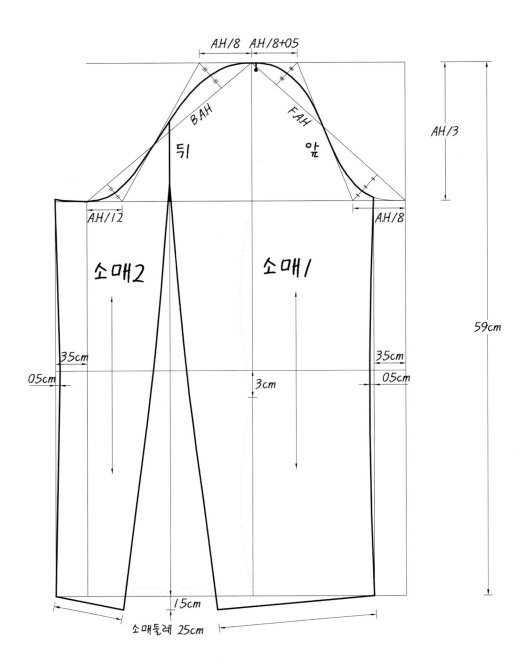

10 솔 칼라 재킷 전개도

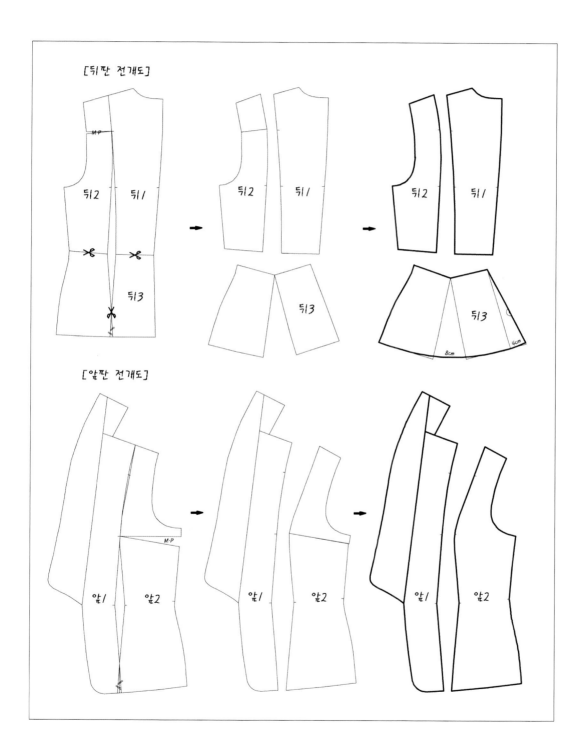

[뒤판 전개도]

뒤2 뒤/ 뒤2 뒤/ 뒤2 뒤/

뒤3 뒤3 뒤3 8cm 4cm

[앞판 전개도]

앞/ 앞2 앞/ 앞2 앞/ 앞2

재킷(Jacket)

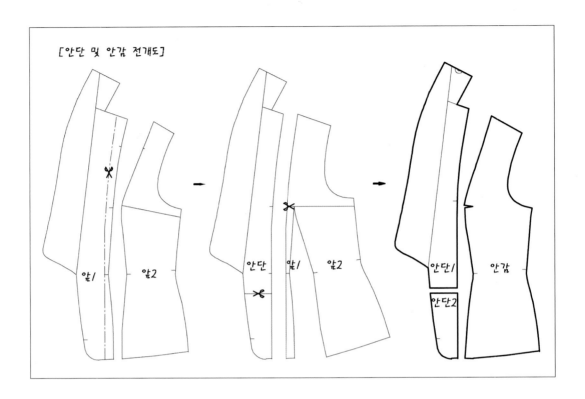

[안단 및 안감 전개도]

[뒤판 전개도]

1. 뒤2의 진동다트 0.5cm를 M.P한다.
2. 뒤3의 허리다트분량을 없애고 밑단에서 8cm, 뒤중심 밑단에서 4cm 벌린다.
3. 뒤3의 허리선은 수정하지 않고, 밑단은 자연스러운 곡선으로 그린다.

[앞판 전개도]

1. 앞판2의 다트를 M.P하고, 자연스러운 곡선으로 선을 수정한다.

[안감 및 안단 전개도]

1. 앞1에서 안단을 분리하고, 남는 앞1과 앞2의 숄더프린세스라인을 붙인다.
2. 앞1의 가슴선을 수평으로 자르고, 앞1과 앞2의 가슴선 아래부분의 라인을 붙여 하나의 패턴으로 수정하여 안감패턴을 만든다.
3. 안단의 칼라 중심은 골선으로 처리해야 하므로 안단의 라펠 꺾임선에서 5cm 내려 안단1, 안단2로 분리한다.

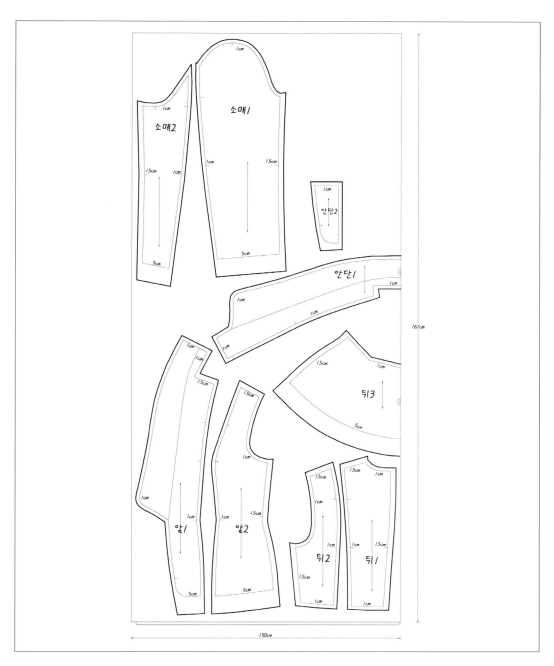

1. 전체 심지를 붙이는 앞1, 앞2, 안단1, 안단2는 시접을 크게 잘라 심지 작업 후 시접정리를 한다. (원단 수축)
2. 안단1과 뒤3을 골선 재단한다.

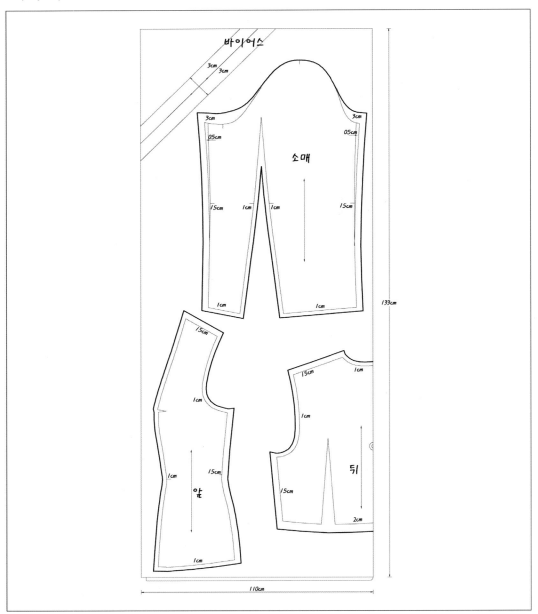

1. 안단과 뒤3을 제외한 나머지를 안감으로 재단한다.
2. 뒤허리선 시접을 2cm로 자른다. (뒤중심에 활동 여유분 2cm를 넣을 수 있다.)
3. 소매1과 소매2의 소매라인을 붙여 다트로 만든다.
4. 소매산둘레선에는 시접이 없고, 소매 겨드랑이에서 3cm 올려 소매산둘레선을 다시 그린다.
5. 몸판의 밑단 바이어스감은 3cm 너비로 준비한다.
6. 안감의 시접표시는 실표뜨기보다 송곳으로 완성선을 찔러 표시하는 것이 효율적이다.

13 / 숄 칼라 재킷 심지작업

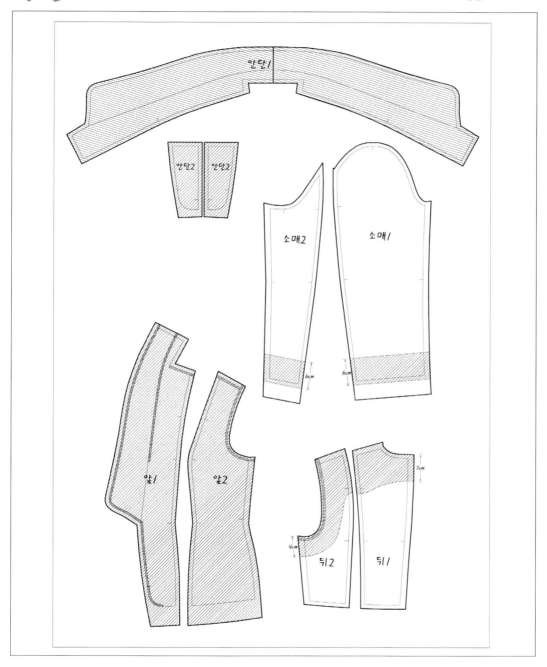

1. 그림과 같은 방법으로 심지와 식서 테이프를 붙인다.
2. 앞1, 앞2, 안단1, 안단2는 심지작업이 끝난 뒤 시접정리를 한다.
3. 소매밑단의 심지부착방법은 소매에 안감이 들어가는 경우 붙이는 방법이다.

봉제 (1~11번)	몸판	뒤중심 봉제	봉제 (27~28번)	안감	앞·뒤판 어깨, 네크라인 봉제
		뒤숄더프린세스라인 봉제			앞·뒤판 옆선봉제
		칼라 꺾임선 봉제	다림질 (29~37번)	몸판	뒤허리선 다림질
		앞숄더프린세스라인 봉제			어깨 다림질
		숄칼라 중심선 봉제		소매	안솔기 다림질
	소매	소매라인 봉제			슬리브헤딩 다림질
	안감	뒤다트 봉제		안감	어깨, 옆선 다림질
		안감+안단 봉제			밑단 접어 다림질
		소매라인 봉제	봉제 (38~40번)	몸판	앞·뒤판 옆선봉제
다림질 (12~22번)	몸판	뒤중심 다림질		안감	밑단봉제
		뒤숄더프린세스라인 다림질			몸판+소매 봉제
		앞숄더프린세스라인 다림질	다림질 (41~44번)	몸판	옆선 다림질
		숄칼라 중심선 다림질			밑단 접어 다림질
	소매	소매라인 다림질		안감	밑단, 진동둘레 다림질
		소매밑단 접어 다림질	봉제 (45~58번)	몸판	밑단 바이어스 봉제
	안감	뒤다트, 밑단 다림질			몸판+소매 봉제
		안단 다림질			몸판+안감 합봉
		소매라인 다림질	다림질 (59~62번)	몸판	시접정리
봉제 (23~26번)	몸판	뒤허리 봉제			시접다림질
		앞·뒤판 어깨, 네크라인 봉제			진동 다림질
	소매	소매산둘레 큰땀 봉제	마무리 (63~70번)	몸판	손바느질
		안솔기 봉제			마무리 다림질

※ 각 아이템별 봉제 과정은 위의 공정순서에 따라 이루어졌으며, 본 공정순서는 의상 제작에 있어 짧은 작업 동선으로 인한 효율적인 시간 관리 및 의상의 전체적인 제작공정을 빠르게 이해할 수 있도록 구성하였다.

01 뒤중심을 봉제한다.

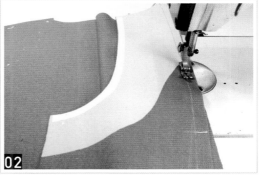

02 뒤1과 뒤2의 숄더프린세스라인을 봉제한다.

03 칼라 꺾임선의 식서테이프 중심을 봉제한다.

04 앞1과 앞2의 숄더프린세스라인을 봉제한다.

05 숄칼라의 중심선을 봉제한다.

06 소매1과 소매2를 봉제한다.

재킷(Jacket)

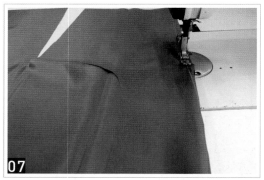

뒤안감 다트를 봉제한다. (다트 끝은 되돌아박기를
하지 않고, 실매듭 2cm를 남긴다.)

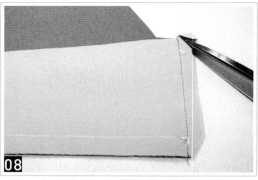

안단1과 안단2를 봉제한 후 시접을 사선으로
자른다.

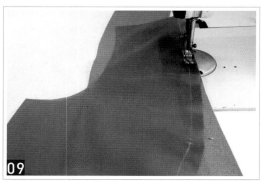

안단과 안감 봉제 시 안감의 가슴다트시접을 위로
향하게 접어서 봉제한다.

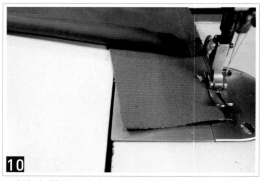

안단의 완성선에서 2.5cm 올라간 위치에 안감의
밑단을 접어서 봉제하고, 안단시접은 바이어스
봉제한다.

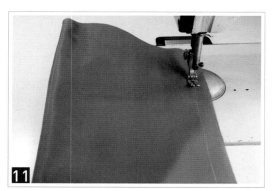

소매안감의 다트, 안솔기를 봉제한다.

뒤 숄더프린세스라인을 가름솔로 다림질한다.

13 앞 숄더프린세스라인의 가슴부분을 우마 위에서 가름솔로 다림질한다.

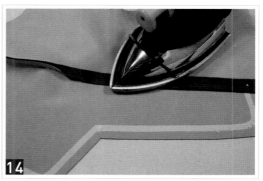

14 앞 숄더프린세스라인의 허리 아랫부분을 바닥에서 가름솔로 다림질한다.

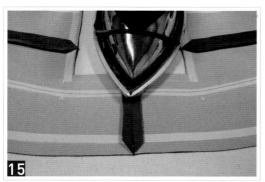

15 솔칼라의 중심시접을 가름솔로 다림질한다.

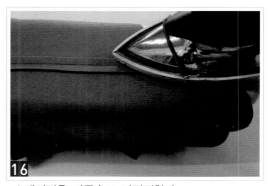

16 소매시접을 가름솔로 다림질한다.

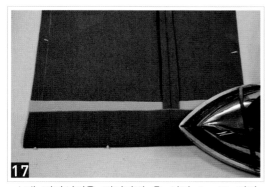

17 소매 밑단시접을 접어다린 후 시접 4cm로 정리한다.

18 뒤안감의 다트 봉제선을 뒤중심으로 향하게 접어서 다림질한다.

19 뒤안감의 허리선의 2cm 시접을 접어서 다림질한다.

20 안단1, 안단2 시접을 가름솔로 다림질한다.

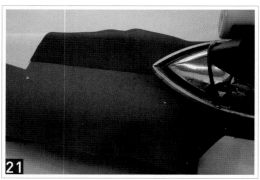

21 안감의 가슴다트는 우마 위에서 다트를 접어서 다림질한다.

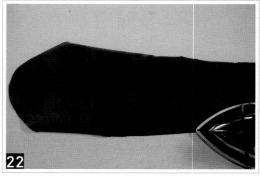

22 소매시접의 봉제선을 접어서 다림질한다.

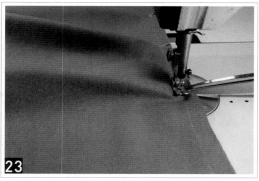

23 그림과 같이 뒤3 허리선의 각진시접을 가위로 잘라 허리선을 봉제한다.

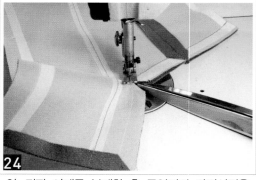

24 앞·뒤판 어깨를 봉제한 후 목옆점의 각진시접을 가위로 잘라 네크라인을 봉제한다.

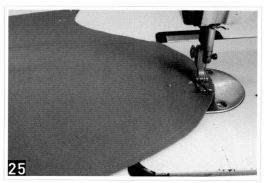

25 소매산둘레 시접은 큰 땀수로 되돌아박기 없이 0.5cm 간격으로 두 줄 봉제한다.

26 소매의 안솔기선을 봉제한다.

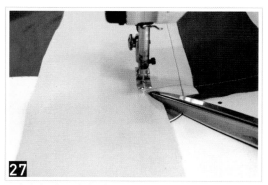

27 안감의 앞·뒤판 어깨를 봉제한 후 목옆점의 각진 시접을 가위로 잘라 네크라인을 봉제한다.

28 안감의 앞·뒤판 옆선을 봉제한다.

29 뒤허리 시접을 위로 향하게 다림질한다.

30 그림과 같이 허리선을 다림질한다.

31

목옆점의 시접을 사선으로 자르고, 어깨와 네크라인 시접을 가름솔로 다림질한다.

32

그림과 같이 어깨선과 네크라인을 다림질한다.

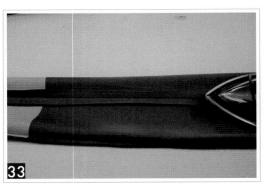

33

소매의 안솔기 시접을 가름솔로 다림질한다.

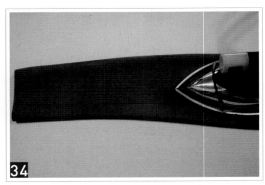

34

소매의 밑단시접을 접어서 다림질한다.

35

안감의 어깨시접을 뒤판으로 향하게하고, 네크라인 시접은 가름솔로 다림질한다.

36

그림과 같이 어깨선과 네크라인을 다림질한다.

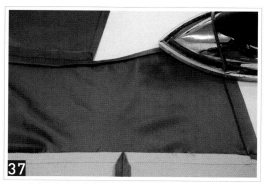

37 그림과 같이 안감의 허리선 위의 시접은 가름솔, 허리선 아래시접은 접어서 다림질한다.

38 앞·뒤판 옆선을 봉제한다.

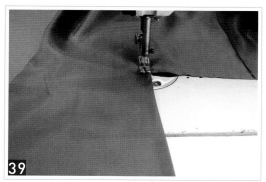

39 안감의 밑단에서 반대편 밑단까지 한꺼번에 끝스티치한다.

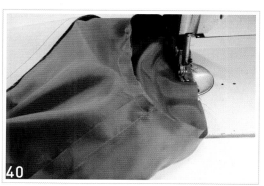

40 그림과 같이 안감의 진동둘레선을 봉제한다.

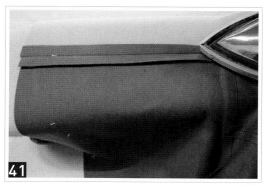

41 몸판의 옆선을 가름솔로 다림질한다.

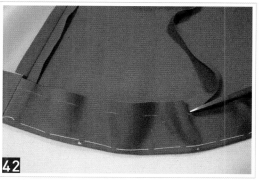

42 그림과 같이 몸판의 밑단시접을 접어올려 0.5cm 떨어진 위치에 시침질을 하고 시접은 4cm로 정리한다.

43

안감의 밑단을 다림질한다.

44

안감의 진동둘레를 다림질한다.

45

그림과 같이 몸판의 밑단시접을 되돌아박기 없이 큰 땀수로 봉제한다.

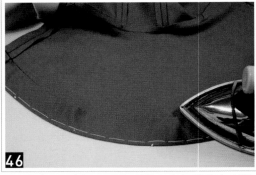

46

45번의 큰 땀수로 박은 실을 당겨 밑단의 여유 분량이 한쪽으로 몰리지않게 다림질한다.

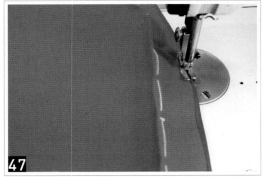

47

몸판의 밑단시접에 바이어스감을 올려 0.3 ~ 0.5cm 너비로 봉제한 후 바이어스감으로 밑단시접을 감싸면서 끝스티치한다.

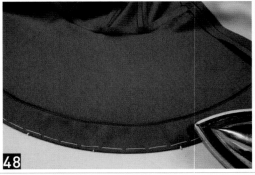

48

몸판의 밑단시접이 접히는 곳이 없도록 다림질한다.

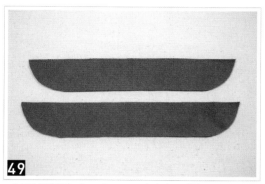

49 슬리브헤딩을 21×3.5cm 바이어스방향으로 두 장
자른다.

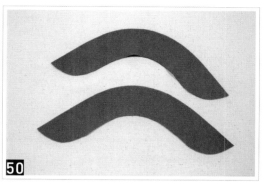

50 그림과 같이 슬리브헤딩을 곡선모양으로 다림질
한다.

51 슬리브헤딩 양끝을 포개어 앞진동을 뒤진동보다
1cm 짧게 표시한다.

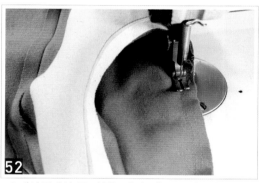

52 소매산둘레의 두 실을 당겨 이즈를 만든다. 진동
둘레 시접을 시침질하고, 시침질한 곳을 따라 봉제
한다.

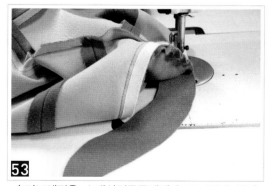

53 슬리브헤딩을 소매산진동둘레에 놓고, 52번 봉제
선을 따라 봉제한 후 시접쪽으로 0.5cm 이동하여
시접을 봉제한다.

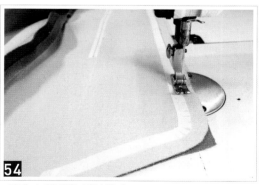

54 몸판과 안감을 합봉한다.

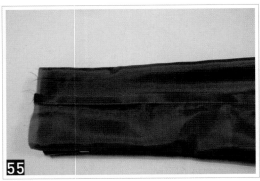

55 그림과 같이 몸판의 어깨끝점과 안감의 어깨끝점을 맞잡고 소매를 겹친다.

56 몸판의 밑단과 안감의 밑단을 접어 봉제될 위치를 확인한다.

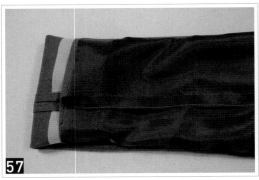

57 그림과 같이 몸판의 소매를 안감의 소매 안으로 겉과 겉을 겹쳐 핀으로 고정시킨다. 이때, 소매가 꼬였는지 확인한다.

58 안감시접을 위로 놓고 봉제한다.

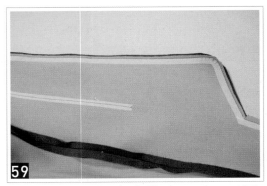

59 그림은 라펠과 앞중심 시접을 0.3~0.5cm 시접 정리한 모습이다.

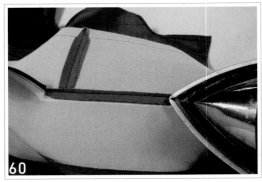

60 라펠과 앞중심 시접을 가름솔로 다림질한다.

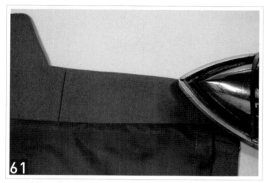

그림은 안단을 다림질하는 모습이다.

진동둘레의 늘어난 부분을 데스망 위에서 다림질한다.

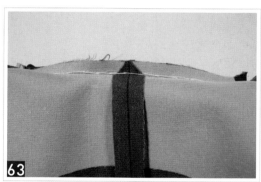

그림은 36번 다림질 후 몸판과 안감의 가름솔 시접을 겹쳐 반박음질한 모습이다.

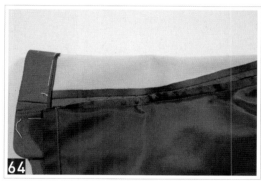

몸판의 시접을 시침질하고, 밑단은 공구르기, 안단은 세발뜨기한다.

어깨패드를 반으로 접어 앞을 1cm 짧게하고, 어깨패드의 양쪽 5cm를 남겨두고 반박음질하고, 몸판과 어깨패드를 1cm 사슬뜨기한다.다.

그림과 같이 소매밑단을 세발뜨기한다.

67
몸판과 안감의 겨드랑이 시접을 감침질한다.

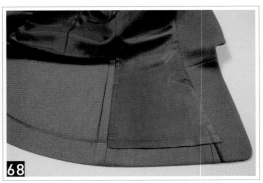

68
몸판옆선과 안감옆선을 공구르기하여 고정시킨다.

69
그림과 같이 입어서 왼쪽 라펠 꺾임선 끝나는 부분에 아이를 버튼홀 스티치하여 달아준다.
(p.22 참고)

70
입어서 오른쪽 라펠 꺾임선 끝나는 부분에 훅을 버튼홀 스티치하여 달아준다.

13 솔 칼라 재킷 완성 작품

재킷 앞모습

재킷 옆모습

재킷 뒷모습

작업 지시서

재단 및 봉제 시 유의사항(5개 이상)	원·부자재 소요량			
	원·부자재	규격	소요량	단위
1. 원단을 식서방향으로 재단한다.	원단	150cm	1.9	yd
2. 안감은 몸판에만 넣는다.	안감	110cm	1.5	yd
3. 몸판의 진동둘레 시접은 바이어스, 안감의 진동둘레 시접은 말아박기한다.	심지	110cm	1	yd
4. 소매시접을 접어박기 후 가름솔로 한다.	재봉실	40s/2합	1	com
5. 플랩포켓은 장식용으로 11 × 9cm로 허리절개선에 끼워 봉제한다.	단추	25mm	1	ea
		15mm	2	ea
6. 소매밑단과 몸판밑단 시접을 바이어스로 처리한다.	어깨패드	4mm	1	pair(쌍)
7. 단추구멍은 허리절개선에서 25mm 크기로 처리한다.	식서테이프	10mm	4	yd
8. 스티치를 0.5cm로 한다.				

※ 매회 시험마다 적용 치수 및 지시사항이 다를 수 있으므로 출제 시험지를 잘 확인하여 작성한다.
※ 작업지시서는 반드시 흑색 또는 청색 필기구를 사용한다. (연필 사용 시 무효처리)

옆선

⑬ C1-C3 - C1점에서 1.5cm 들어온 점을 C3점으로 한다.

E1-E3 - E1점에서 1.5cm 나간 점을 E3점으로 한다.

B1-D3 - B1-C3-E3점을 자연스러운 곡선으로 D3점까지 연결하여 옆선을 완성한다.

밑단

⑭ D3-D4 - D3점에서 0.5cm 올린 점을 D4점으로 한다.

D4-D2 - D4-D2점을 자연스러운 곡선으로 그린다.

다트

⑮ C4 - C2-C3선의 이등분점을 C4점으로 한다.

⑯ B3 - C4점을 수직선으로 올려 B선의 교차점을 B3점으로 한다.

C5, C6 - C4점에서 옆선방향으로 1cm 이동한 점을 C5점, 뒤중심 방향으로 1cm 이동한 점을 C6점으로 한다.

C5-B3점, C6-B3점을 곡선으로 연결한다.

⑰ E5 - C4-E(엉덩이)선의 교차점 E4점에서 4cm 올려 E5점으로 한다.

C5-E5, C6-E5점을 곡선으로 연결하여 다트를 완성한다.

하이네크라인

⑱ A-G2 - G1점에서 어깨선 방향으로 0.5cm 이동한 G2-A점을 연결하여 네트라인을 그린다.

A-G3 - A점에서 수직선으로 4cm 올린 점을 G3점으로 한다.

G1-G4 - G1점에서 수직선으로 3cm 올린 점을 G4점으로 한다.

G3-G4 - G2-G4점을 연결하고, G3-G4점을 연결하여 하이네크라인을 완성한다.

진동(A.H)다트

⑲ F2 - A3-F점의 2/3점을 F2점으로 한다.

F2-P - F2점에서 뒤중심으로 수평선을 그리고, 수평선의 이등분점을 P점으로 한다.

F3-P - F2점에서 1cm 내린 F3점과 P점을 연결하여 뒤진동(A.H)다트를 그린다.

어깨선 II

⑳ A4-G2 - A3점에서 0.5cm 올린 점을 A4점으로 하고, A4-G2점을 연결하여 뒤어깨선을 완성한다.

네크라인다트

㉑ G5-P - G3-G4점의 이등분점인 G5점과 P점을 연결한다.

G6 - G6점을 중심으로 0.4cm씩 나간 점을 다트로 연결한다.

03 하이네크라인 재킷 패턴 설계도[앞판1]

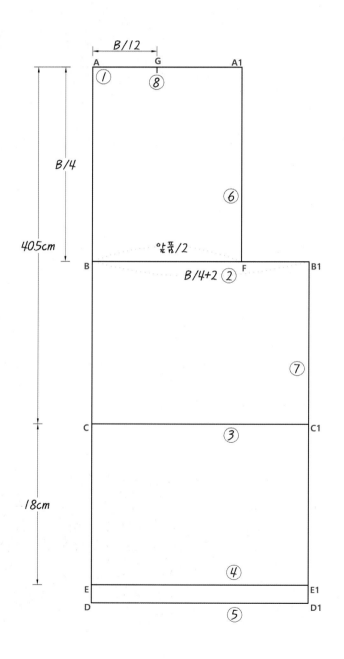

B/12

A   G   A1

①   ⑧

B/4

⑥

40.5cm

앞품/2

B   F   B1

B/4+2 ②

⑦

C   C1

③

18cm

④

E   E1

D   D1

⑤

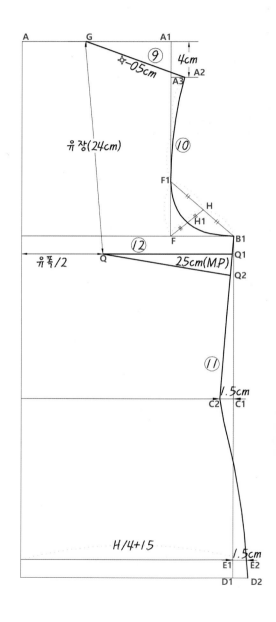

A   G   A1

⑨   4cm

☆-0.5cm   A2

A3

유장(24cm)

⑩

F1

H

H1

⑫   F   B1

유폭/2   Q   Q1

2.5cm(M.P)   Q2

⑪

1.5cm

C2   C1

H/4+15   1.5cm

E1   E2

D1   D2

기초선

① A － 직각선을 그린다.

② A-B － A점에서 B/4를 내려 진동깊이를 그린다.

③ A-C － A점에서 앞길이 40.5cm를 내린다.

④ A-D － A점에서 60.5cm(재킷길이+다트량)를 내린다.

⑤ C-E － C(허리)점에서 엉덩이길이 18cm를 내린다.

⑥ B-F － B(진동깊이)점에서 앞품/2 이동한 점을 F점으로 한다.
　　　　　 F점을 수직으로 올려 A선의 교차점을 A1점으로 한다.

⑦ B1-D1 － B(진동깊이)점에서 B/4+2cm 이동한 B1점을 수직선으로 D1(밑단)까지 내린다.

⑧ A-G － A점에서 B/12를 이동하여 G(목옆)점으로 한다.

어깨선

⑨ A1-A2 － A1점에서 4cm 내려 A2점을 수평선으로 그린다.

　　 A3 － G(목옆)점에서 A2선상에 [뒤어깨선-0.5cm]를 A3점으로 표시한다.

　 G-A3 － G(목옆)-A3(어깨끝)점을 연결하여 앞어깨선을 완성한다.

진동(A.H)둘레

⑩ F1 － A3-F를 3등분하여 1/3지점을 F1점으로 한다.

　 H-H1 － F1-B1선을 이등분한 H점과 F점을 연결하여 1/2지점을 H1점으로 한다.
　　　　　 A3-F1-H1-B1을 자연스러운 곡선으로 앞진동(A.H)둘레를 완성한다.

옆선

⑪ C1-C2 － C1점에서 1.5cm 들어온 점을 C2점으로 한다.

　 E1-E2 － E1점에서 1.5cm 나간 점을 E2점으로 한다.
　　　　　 B1-C2-E2점을 자연스러운 곡선으로 연결 후 D2점까지 연장하여 옆선을
　　　　　 완성한다.

다트

⑫ Q － 앞중심에서 평행선으로 유폭/2 들어온 점과 G(목옆)점에서 평행선으로 유장
　　　　 길이(24cm)를 내려서 교차점을 Q(B.P)점으로 한다.

　 Q-Q1 － Q(B.P)점의 수평선과 옆선의 교차점을 Q1점으로 한다.

　 Q-Q2 － Q1점에서 다트분량 2.5cm를 내린 Q2점과 Q(B.P)점을 연결하여 다트를
　　　　　 완성한다.

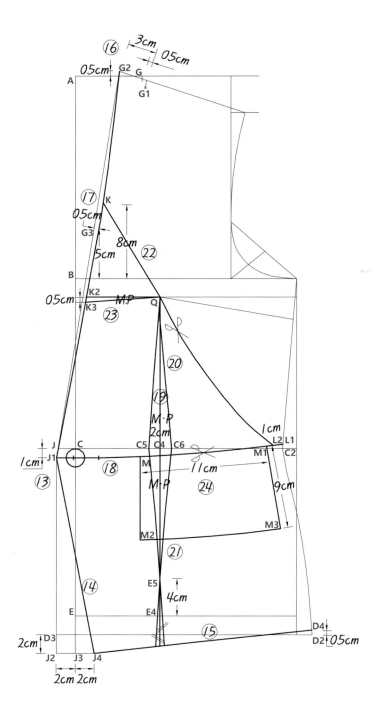

앞여밈/밑단

⑬ C-J　　－　C점에서 앞여밈분량 2cm 나간 J점을 표시한다.

　　J1-D3　－　J점에서 1cm 허리선을 내린 J1점을 수직선으로 D3점까지 내린다.

　　D3-J2　－　D3점에서 재킷 앞처짐 분량 2.5cm를 내려 J2점을 한다.

⑭ J3-J4　－　J3점에서 옆선방향으로 2cm 나간 점을 J4점으로 하고, J1-J4점을 연결한다.

⑮ J4-D4　－　J4점과 D2점에서 0.5cm 올린 D4점을 연결하여 밑단을 그린다.

하이네크라인

⑯ G-G1　－　G(목옆점)점에서 어깨선 방향으로 0.5cm 나간 G1점을 표시한다.

　　G2　　－　G1점에서 앞중심방향으로 어깨선을 3cm 연장하고, A선상에서 0.5cm 올린점과의
　　　　　　　교차점을 G2점으로 한다.

⑰ G2-J1　－　G2점과 J1점을 직선으로 연결한다.

　　G3　　－　B(진동깊이)선의 5cm 올린 점에서 0.5cm 들어온 점을 G3점으로 한다.
　　　　　　　G2-G3-J1점을 자연스러운 곡선으로 연결한다.

허리절개선

⑱ J1-L1　－　J1점과 C2점에서 05cm 올린 L1점을 자연스러운 곡선으로 연결하여 허리절개선을
　　　　　　　그린다.

다트

⑲ Q　　　－　Q(B.P)점을 수직선으로 밑단까지 내린다.

　　C4　　－　Q(B.P)선과 C(허리)선의 교차점을 C4점으로 한다.

⑳ C5-Q　－　C4점에서 앞중심방향으로 1cm 이동한 C5점과 Q점을 곡선으로 연결한다.

　　C6-Q　－　C4점에서 옆선방향으로 1cm 이동한 C6점과 Q점을 곡선으로 연결한다.

㉑ C4-E4　－　C4선과 E(엉덩이)선의 교차점을 E4점으로 한다.

　　E5　　－　E4점에서 4cm 올린 점을 E5점으로 한다.

　　C5-E5　－　C5-E5점을 자연스러운 곡선으로 연결하고, E5점에서 밑단까지 직선으로 그린다.

　　C6-E5　－　C6-E5점을 자연스러운 곡선으로 연결하고, E5점에서 밑단까지 직선으로 그린다.

절개선/다트

㉒ K　　　－　B(진동깊이)선에서 8cm 올려 네크라인선과의 교차점을 K점으로 한다.

　　L1-L2　－　L1점에서 앞중심방향으로 1cm 들어온 점을 L2점으로 한다.
　　　　　　　K-Q-L2점을 곡선으로 연결하여 절개선을 그린다.

㉓ Q-K2　－　Q(B.P)점에서 앞중심방향으로 수평선을 연장하여 K2으로 한다.

　　K3-Q　－　K2점에서 0.5cm 내린 K3점과 Q(B.P)점을 연결하여 다트를 그린다.

플랩포켓

㉔ M-M2　－　앞다트선에서 앞중심방향으로 1cm 이동한 M점에서 수직선으로 9cm 내려 M2점을
　　　　　　　그린다.

　　M-M3　－　M점에서 옆선방향으로 11cm 이동하여 M-M1선의 직각으로 9cm 내려 M3점을 그린다.

　　M2-M3　－　M2-M3점을 자연스러운 곡선으로 플랩을 완성한다.

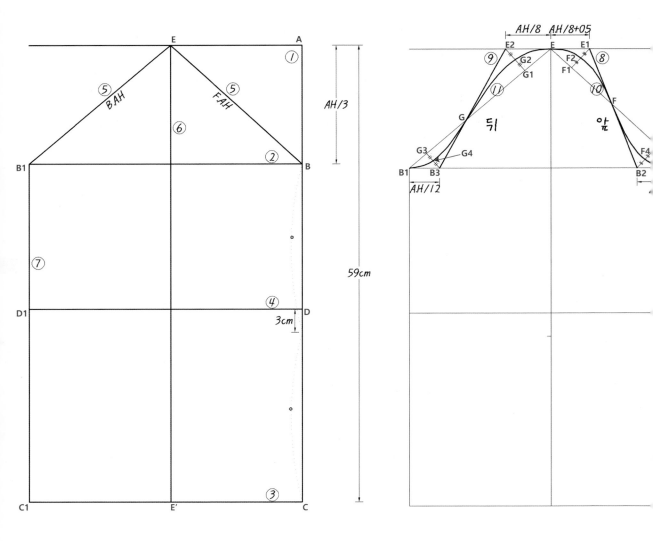

기초선

① A   –   직각선을 그린다.

② A-B   –   A점에서 소매산 높이 A.H/3를 내린다.

③ A-C   –   A점에서 소매길이 59cm를 내린다.

④ D   –   B-C점의 이등분점에서 3cm 올려 D(팔꿈치)선을 그린다.

⑤ B-E   –   A-B선의 교차점에서 F.A.H(앞진동둘레)를 A선상에 E점으로 표시하고, B-E점을 연결한다.

    E-B1   –   E점에서 B선상에 B.A.H(뒤진동둘레)를 B1점으로 표시하고, E-B1점을 연결한다.

⑥ E-E'   –   E점에서 C(소매길이)선까지 수직선으로 내리고, 교차점을 E'점으로 한다.

⑦ B1-C1   –   B1점에서 C(소매길이)선까지 수직선으로 내리고, 교차점을 C1점으로 한다.

진동(A.H)둘레선

⑧ E-E1   –   E점에서 앞판방향으로 A.H/8+0.5cm를 이동한 점을 E1점으로 한다.

    B-B2   –   B점에서 뒤판방향으로 A.H/8를 이동한 점을 B2점으로 한다.

    E1-B2   –   E1점과 B2점을 연결한다.

          E-B선과 E1-B2선의 교차점을 F점으로 한다.

⑨ E-E2   –   E점에서 뒤판방향으로 A.H/8를 이동한 점을 E2점으로 표시한다.

    B1-B3   –   B1점에서 앞판방향으로 A.H/12를 이동한 점을 B3점으로 표시한다.

    E2-B3   –   E2점과 B3점을 연결한다.

          E-B1점과 E2-B3점의 교차점을 G점으로 한다.

⑩ F1   –   E-F 선상에서 E1점을 향한 직각선의 교차점을 F1점으로 한다.

    F2   –   F1-E1점을 연결하고, 이등분점을 F2점으로 한다.

    F3   –   B-F 선상에서 B2점을 향한 직각선의 교차점을 F3점으로 한다.

    F4   –   B2-F3점을 연결하고, 3등분점을 F4점으로 한다.

          E-F2-F-F4-B점을 자연스러운 곡선으로 연결하여 앞진동둘레선을 그린다.

⑪ G1   –   E-G 선상에서 E2점을 향한 직각선의 교차점을 G1점으로 한다.

    G2   –   G1-E2점을 연결하고, 이등분점을 G2점으로 한다.

    G3   –   B1-G 선상에서 B3점을 향한 직각선의 교차점을 G3점으로 한다.

    G4   –   B3-G3점을 연결하고, 이등분점을 G4점으로 한다.

          E-G2-G-G4-B1점을 자연스러운 곡선으로 연결하여 뒤진동둘레선을 그린다.

제7장(Jacket)

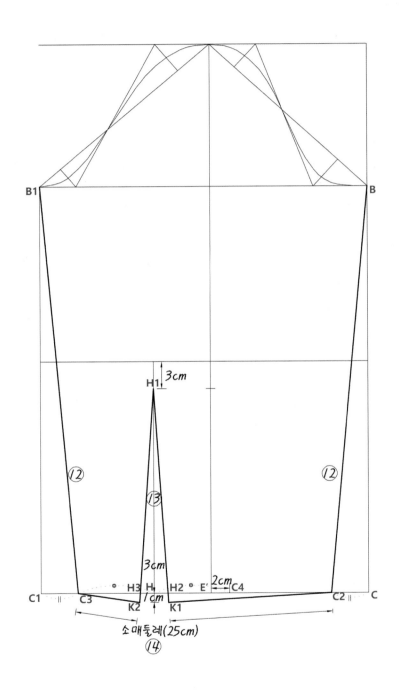

소매솔기

⑫ C2-C3   -   C-C1선상에 소매둘레(25cm)와 다트분량(3cm)을 뺀 나머지 cm를 C점과 C1점에서 양쪽으로 1/2씩 들어온 점을 C2, C3점으로 한다.

     B-C2   -   B-C2점을 연결한다.

     B1-C3   -   B1-C3점을 연결한다.

소매다트

⑬ H   -   E'점에서 앞판방향으로 2cm 이동한 C4점과 C3점의 이등분점을 H점으로 한다.

     H-H1   -   H점을 수직으로 올려 팔꿈치선의 교차점에서 3cm 내려 H1점으로 한다.

     H2, H3 -   H점에서 앞판방향으로 1.5cm 이동한 점을 H2, 뒤판방향으로 1.5cm 이동한 점을 H3으로 표시한다.

             H1-H2, H1-H3점을 연결한다.

소매부리

⑭ H2-K1 -   H2점에서 1cm 내려 K1점으로 한다.

     H3-K2 -   H3점에서 1cm 내려 K2점으로 한다.

             C2-K1점을 연결하고, C3-K2점을 연결하여 소매부리를 완성한다.

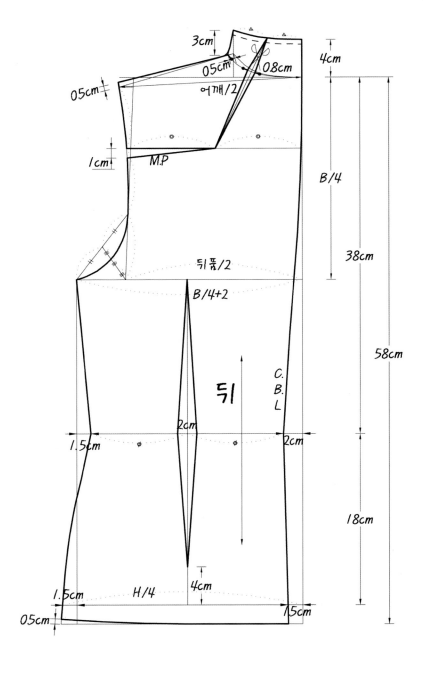

08 하이네크라인 재킷 앞판 완성 패턴

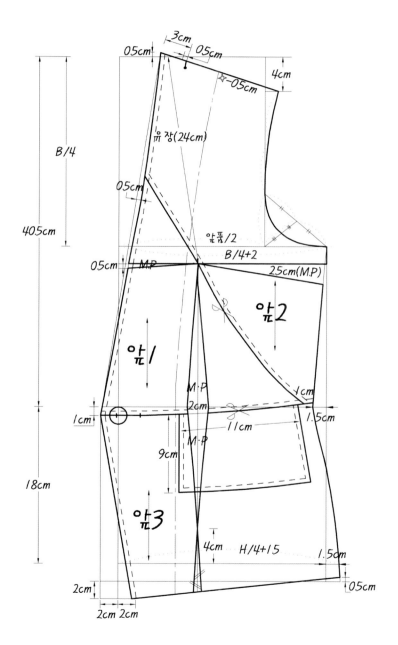

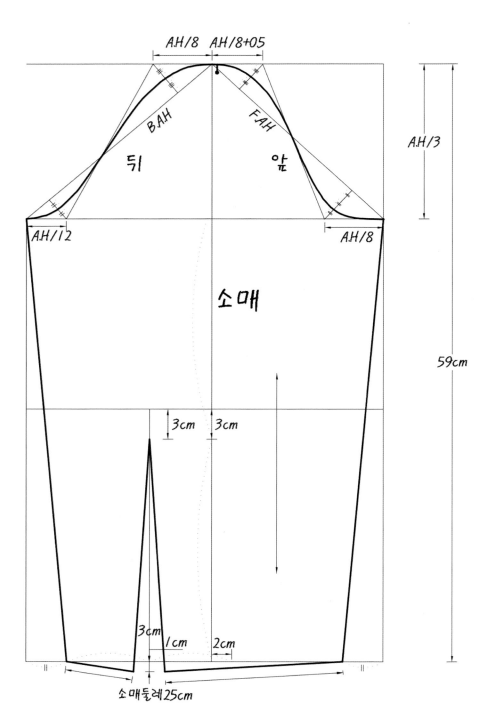

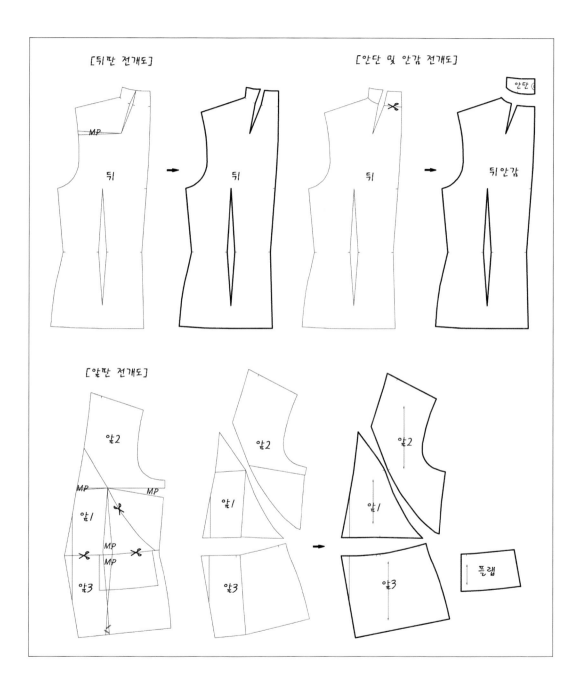

[뒤판 전개도]

[안단 및 안감 전개도]

안단

뒤

뒤

뒤

뒤안감

MP

[앞판 전개도]

앞2

앞1

앞3

MP

MP

MP

MP

앞2

앞1

앞3

앞2

앞1

앞3

플랩

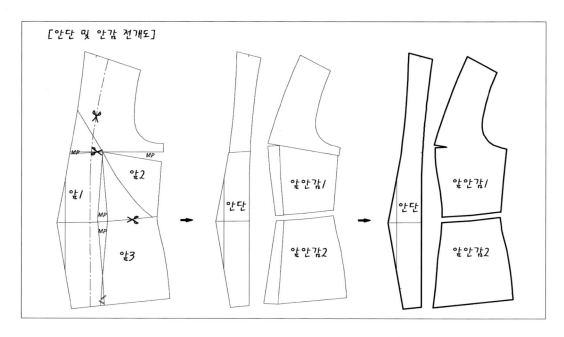

[안단 및 안감 전개도]

[뒤판 전개도]

1. 뒤하이네크라인의 다트선을 자른다.
2. 뒤진동다트를 M.P하여 하이네크라인 다트를 벌린다.

[앞판 전개도]

1. 앞1, 앞2(가슴절개선)과 앞3(허리절개선)을 자른다.
2. 앞1의 네크라인 다트, 허리다트를 M.P하고, 네크라인과 허리선을 자연스러운 곡선으로 그린다.
3. 앞2의 가슴다트를 M.P하고, 가슴절개선을 자연스러운 곡선으로 그린다.
4. 앞3의 허리다트를 M.P하고, 허리선을 자연스러운 곡선으로 그린다.

[뒤안단 및 안감 전개도]

1. 뒤안단은 하이네크라인의 분량만큼을 뒤안단으로하고, 중심을 골선으로 표시한다.

[앞안단 및 안감 전개도]

1. 앞판 패턴에 표시된 안단부분을 제외한 나머지 몸판은 안감으로 한다.
2. 안단의 네크라인 다트를 M.P하여 앞안단을 자연스러운 곡선으로 그린다.
3. 안감의 허리선을 절개하여 허리선 위의 앞1과 앞2의 다트분량을 M.P하여 앞안감1 패턴을 만들고, 허리선 아래의 앞1과 앞3의 다트분량을 M.P하여 앞안감2 패턴을 만든다.

11 / 하이네크라인 재킷 원단배치도

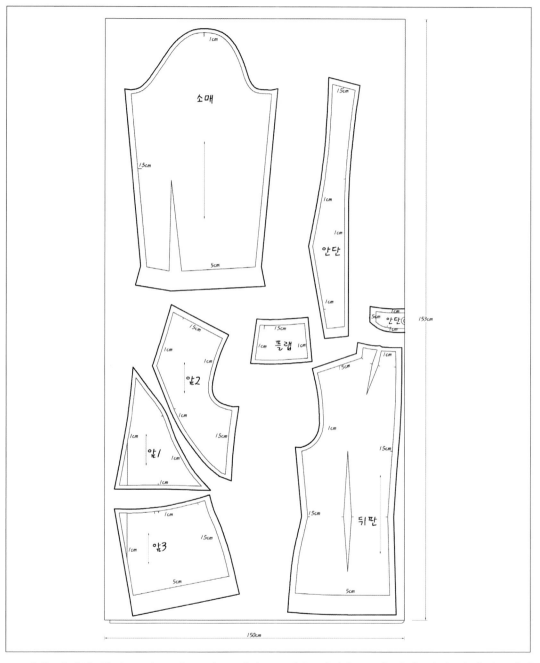

1. 전체 심지를 붙이는 앞1, 앞2, 앞3, 안단, 플랩은 시접을 크게 잘라 심지 작업 후 시접 정리를 한다. (원단 수축)
2. 소매의 밑단시접을 접어서 안솔기선과 같이 자른다.

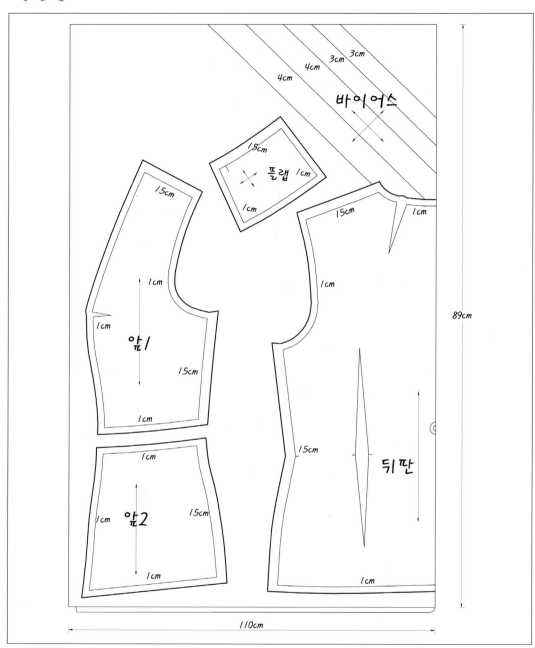

1. 뒤중심은 골선으로 재단한다.
2. 몸판의 진동둘레 바이어스감은 4cm, 밑단 바이어스감은 3cm 너비로 준비한다.
3. 안감의 시접표시는 실표뜨기보다 송곳으로 완성선을 찔러 표시하는 것이 효율적이다.

13 하이네크라인 재킷 심지작업

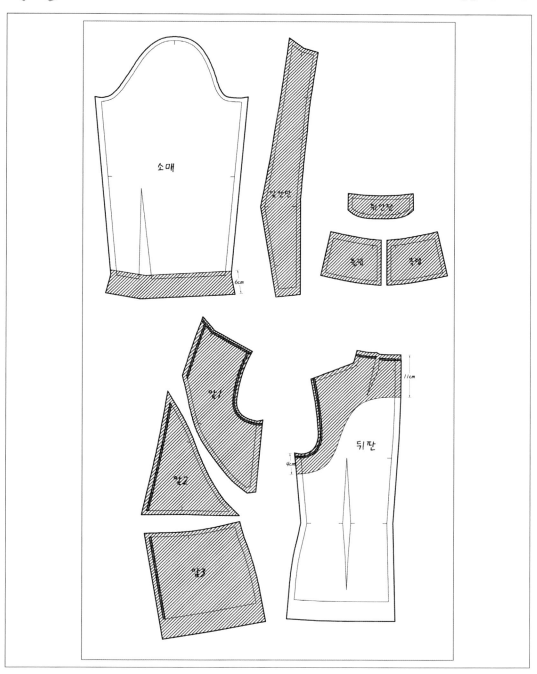

1. 위의 그림과 같이 심지와 식서테이프를 붙인다.
2. 앞1, 앞2, 앞3, 안단, 플랩은 심지를 붙이고 시접정리한다.

봉제 (1~11번)	몸판	뒤다트 봉제	봉제 (31~36번)	소매	소매산둘레 큰땀 봉제
		뒤중심 봉제			안솔기 봉제
		가슴절개선 봉제		안감	진동둘레 말아박기
	소매	소매다트 봉제			앞·뒤판 옆선봉제
	포켓	플랩 봉제	다림질 (37~42번)	몸판	허리절개선 다림질
	안감	뒤네트라인다트 봉제			어깨다림질
		뒤다트 봉제		소매	안솔기 다림질
		뒤안단+안감봉제		안감	옆선, 진동둘레 다림질
		앞안감 허리선 봉제			밑단 접어 다림질
		앞안단+안감봉제	봉제 (43~45번)	몸판	허리절개선 스티치
		앞·뒤판 어깨봉제			앞·뒤판 옆선봉제
다림질 (12~23번)	몸판	뒤다트, 뒤중심 다림질		안감	밑단 봉제
		가슴절개선 다림질	다림질 (46~48번)	몸판	옆선 다림질
	소매	소매다트 다림질			밑단 다림질
		소매밑단 다림질		안감	밑단 다림질
	포켓	플랩 다림질	봉제 (49~56번)	몸판	몸판, 소매밑단 바이어스봉제
	안감	뒤다트, 안단 다림질			몸판+소매 봉제
		앞안단 다림질			몸판+안감 합봉
		어깨 다림질	다림질 (57~59번)	몸판	시접정리
봉제 (24~30번)	몸판	가슴절개선 스티치			시접 다림질
		플랩 스티치	마무리 (60~68번)	몸판	손바느질
		허리절개선+플랩봉제			마무리 다림질
		앞·뒤판 어깨봉제			

※ 각 아이템별 봉제과정은 위의 공정순서에 따라 이루어졌으며, 본 공정순서는 의상제작에 있어 짧은 작업동선으로 인한 효율적인 시간관리 및 의상의 전체적인 제작공정을 빠르게 이해 할 수 있도록 구성하였다.

15 / 하이네크라인 재킷 봉제과정

01 뒤네크라인 다트를 봉제한다. (다트시작과 끝은 되돌아박기를 하지않고, 실매듭 2cm 처리한다.)

02 뒤다트를 봉제한다. (다트시작과 끝은 되돌아박기를 하지않고, 실매듭 2cm 처리한다.)

03 뒤중심을 봉제한다.

04 앞1과 앞2의 가슴절개선을 봉제한다.

05 소매단의 다트선은 소매패턴을 뒤집어 다트선을 그린 상태에서 봉제한다.
(다트끝은 실매듭 2cm 처리한다.)

06 플랩 겉감을 위로 놓고, 안감에 이즈가 들어가지 않도록 안감을 살짝 당기면서 봉제한다.

재킷(Jacket)

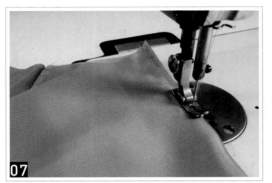

07 뒤안감의 네크라인 다트, 뒤다트를 봉제한다.
(다트끝은 실매듭 2cm 처리한다.)

08 뒤안단과 안감의 네크라인을 봉제한다.

09 안감의 앞허리선을 봉제한다.

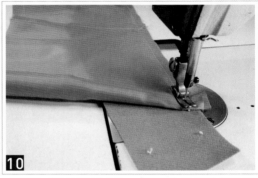

10 안단의 완성선에서 2.5cm 올라간 위치에 안감의
밑단을 접어서 봉제한다.

11 안감의 앞·뒤판 어깨를 봉제한다.

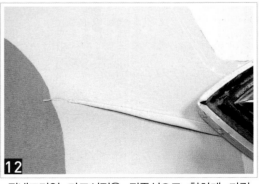

12 뒤네크라인 다트시접은 뒤중심으로 향하게 다림
질한다.

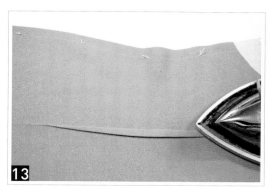

뒤다트 시접을 뒤중심으로 향하게 다림질한다.

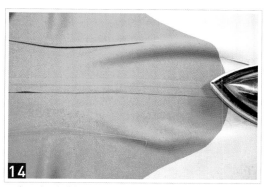

뒤중심 시접을 가름솔로 다림질한다.

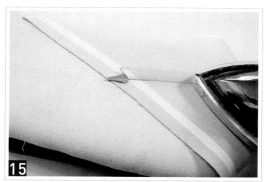

가슴절개선의 시접을 앞2 방향으로 향하게 우마
위에서 다림질한다.

소매시접은 큰 소매로 향하게 다림질한다.
(밑단시접은 가름솔로 다림질한다.)

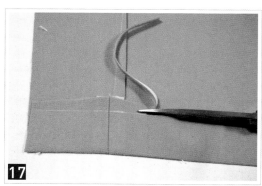

소매밑단 시접을 접어다린 후 시접 4cm로 정리
한다.

플랩시접을 전체 0.3cm로 자르고, 양쪽 코너
시접은 사선으로 자른다.

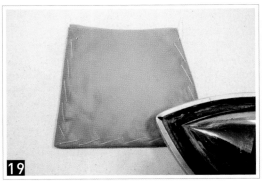

19 플랩을 뒤집어 안감쪽에서 다림질한다. (겉에서 안감이 보이지 않게 주의하면서 다림질한다.)

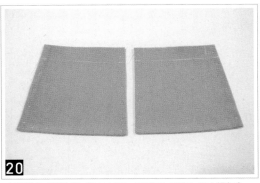

20 플랩의 겉면에 완성선과 플랩의 앞을 표시한다.

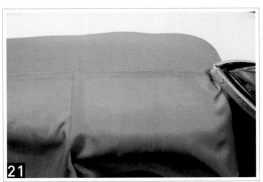

21 안감의 허리선을 다림질하고, 가슴다트는 우마 위에서 다트를 접어서 다림질한다.

22 뒤안단과 뒤네크라인 다트를 다림질하고, 안단 시접은 가름솔, 어깨시접은 뒤판으로 향하게 다림질한다.

23 그림과 같이 어깨선과 네크라인을 다림질한다.

24 가슴절개선 시접을 0.5cm 스티치한다.

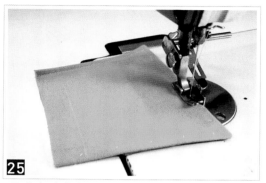

25 플랩의 가장자리를 0.5cm 스티치한다.

26 그림과 같이 플랩을 안으로 말아서 시접을 봉제한다.

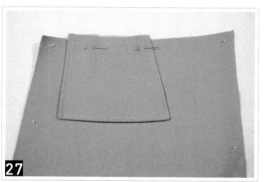

27 앞3의 허리절개선에 플랩을 올려 핀으로 고정한다.

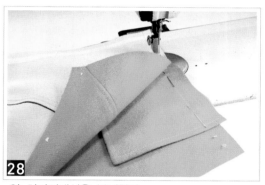

28 앞 허리절개선을 봉제한다.

29 허리절개선 봉제 시 단추구멍 위치에 2.5cm를 띄우고 봉제한다.

30 앞 · 뒤 어깨시접을 봉제한다.

재킷(Jacket)

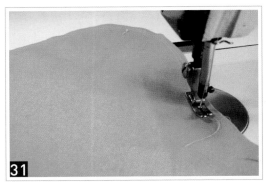

소매산 시접은 큰 땀수로 되돌아박기 없이 0.5cm 간격으로 두 줄 봉제한다.

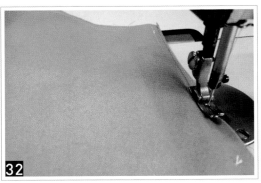

소매시접 끝을 접어박기한다.

소매의 안솔기 시접을 봉제한다.

안감의 진동둘레 시접에 비접착 벨트심을 올려 0.5cm 봉제한다. (p.25 참고)

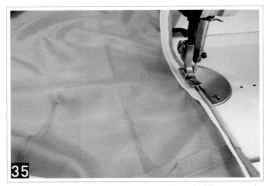

비접착 벨트심을 안으로 뒤집어 시접을 끝스티치하고, 비접착 벨트심을 안감 진동둘레에서 분리시킨다.

안감의 앞·뒤판 옆선을 봉제한다.

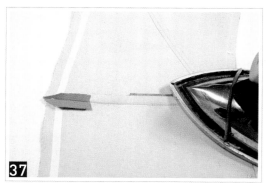

37 그림과 같이 허리선 시접은 위로 향하고, 단추 구멍 위치의 시접은 가름솔로 다림질한다.

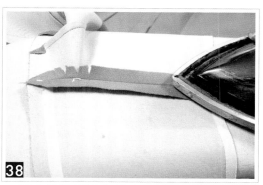

38 그림과 같이 뒤어깨 시접의 곡은 강하므로 가위 집을 내면서 어깨와 네크라인 시접을 가름솔로 다림질한다.

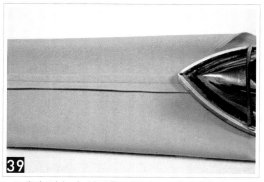

39 소매의 안솔기 시접을 가름솔로 다림질한다.

40 안감의 옆선시접을 뒤중심으로 향하게 접어서 다림질한다.

재킷(Jacket)

41 안감의 진동둘레를 데스망 위에서 다림질한다.

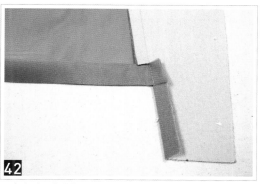

42 안감의 밑단은 10번의 접힌 분량만큼 말아접고, 안단과 밑단시접의 경계지점부터 안단시접은 앞 중심으로 향하게 접어서 다림질한다.

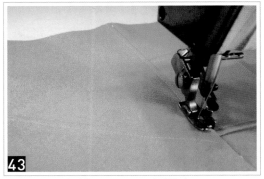

43

앞 허리절개선을 0.5cm 스티치한다.

44

앞 · 뒤판 옆선을 봉제한다.

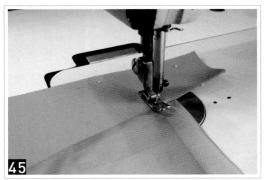

45

안단시접 – 안감밑단 – 안단시접 순으로 한번에 끝
스티치한다.

46

몸판의 옆선을 가름솔로 다림질한다.

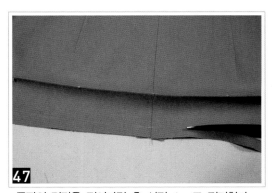

47

몸판의 밑단을 접어다린 후 시접 4cm로 정리한다.

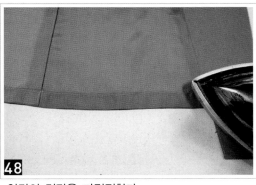

48

안감의 밑단을 다림질한다.

몸판의 밑단시접에 바이어스감을 올려 0.3~
0.5cm 너비로 봉제한 후 바이어스감으로 밑단시
접을 감싸면서 끝스티치한다.

소매의 밑단은 바이어스 시작부분을 접어서 49번
과 동일한 방법으로 봉제한다.

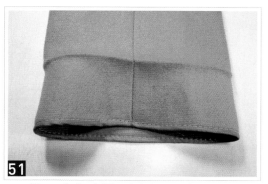

그림은 소매의 밑단을 바이어스 봉제한 모습이다.

소매산둘레의 두 실을 당겨 이즈를 만든다. 진동
둘레 시접을 시침질하고, 시침질한 곳을 따라 봉제
한다.

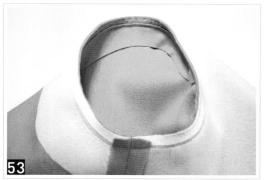

그림은 진동둘레와 슬리브헤딩을 봉제한 모습이다.
(슬리브헤딩 봉제방법 p.76~77참고)

진동둘레에 바이어스(4cm) 시작부분을 접은상태로
놓고, 52번 봉제선을 따라 봉제한다.

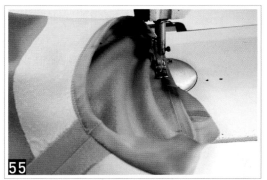

55

바이어스감으로 진동둘레 시접을 감싸면서 끝스
티치한다.

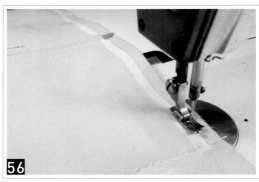

56

몸판과 안감을 합봉한다.

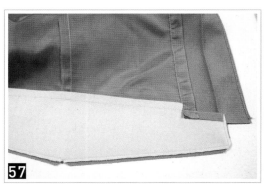

57

그림은 앞중심, 네크라인 시접을 0.3~0.5cm 시접
정리한 모습이다.

58

앞중심과 네크라인 시접을 가름솔로 다림질한다.

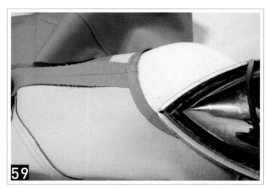

59

진동둘레의 늘어난 부분을 데스망 위에서 다림
질한다.

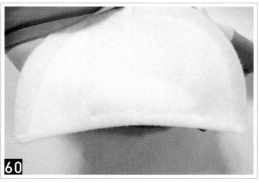

60

어깨패드를 반으로 접어 앞을 1cm 짧게하고, 어깨
패드의 양쪽 5cm를 남겨두고 반박음질한다.

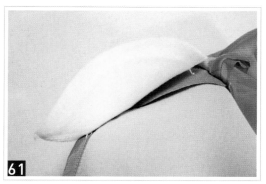

61 그림과 같이 몸판과 어깨패드를 1cm 사슬뜨기
한다.

62 그림은 몸판 다림질 후 몸판의 시접을 시침질한
모습이다.

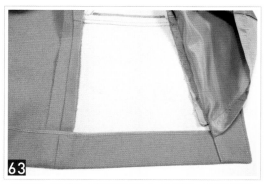

63 그림은 밑단을 공구르기하고, 안단은 세발뜨기한
모습이다.

64 소매밑단을 공구르기한다.

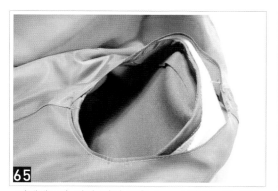

65 어깨패드와 안감 어깨 끝을 1cm 사슬뜨기로 연결
하고, 몸판과 안감의 겨드랑이 부분을 감침질
한다.

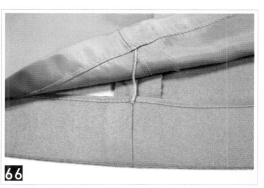

66 몸판옆선과 안감옆선을 4cm 사슬뜨기한다.

67 몸판 단추구멍 위치와 크기를 안단에 표시한다.

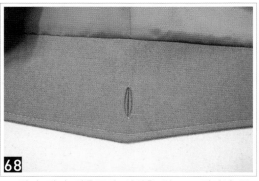

68 그림과 같이 단추구멍 시접을 안으로 접어서 공구르기한다.

13 하이네크라인 재킷 완성 작품

재킷 앞모습

재킷 옆모습

재킷 뒷모습

스커트

(Skirt)

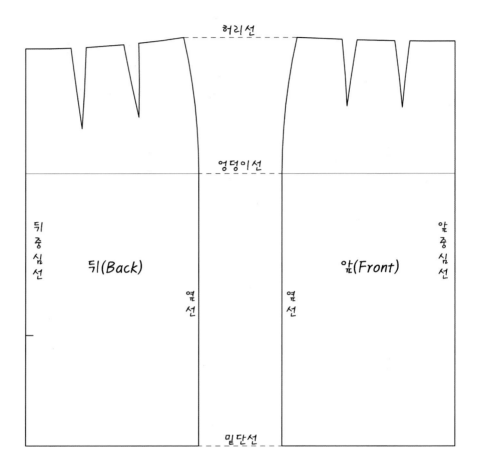

허리둘레	W	Waist
엉덩이둘레	H	Hip
허리선	W.L	Waist Line
엉덩이선	H.L	Hip Line
밑단선	HM.L	Hem Line
뒤중심선	C.B.L	Center Back Line
앞중심선	C.F.L	Center Front Line
옆선	S.L	Side Line

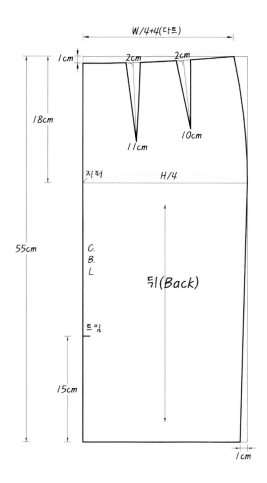

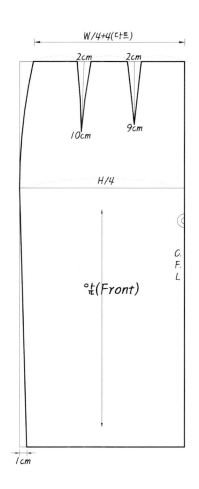

뒤(Back)

앞(Front)

W/4+4(다트)

1cm
2cm   2cm
18cm
11cm   10cm
지퍼   H/4

C.
B.
L

55cm

트임

15cm

1cm

W/4+4(다트)

2cm   2cm
10cm   9cm
H/4

C.
F.
L

1cm

CBL	CFL	
0.5cm 뒤 허리	앞 허리	뒤 허리 3cm

스커트(Skirt)

작업 지시서

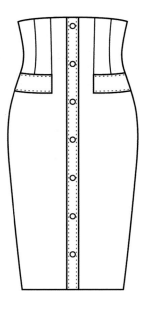 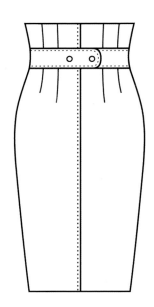

재단 및 봉제 시 유의사항(5개 이상)	원·부자재 소요량			
1. 원단을 식서방향으로 재단한다.	원·부자재	규격	소요량	단위
2. 여밈분량의 너비는 3cm로 하고, 여밈분량과 안단은 골선 처리한다.	원단	150cm	1.2	yd
3. 웰트포켓을 4cm 너비로 사용가능하도록 한다.	안감	110cm	1	yd
4. 뒤판 장식벨트는 벨트를 교차시켜 단추로 고정한다.	심지	110cm	0.8	yd
5. 단추구멍을 세로방향으로 버튼홀스티치 한다.	재봉실	40s/2합	1	com
6. 겉감의 밑단시접은 바이어스 처리한다.	단추	18mm	9	ea
7. 안감의 밑단시접은 접어박기하고, 스커트 밑단에서 2.5cm 올라간 위치에 안감이 위치하도록 한다.	식서테이프	10mm	3	yd
8. 스티치는 0.5cm로 한다.				

※ 매회 시험마다 적용 치수 및 지시사항이 다를 수 있으므로 출제 시험지를 잘 확인하여 작성한다.
※ 작업지시서는 반드시 흑색 또는 청색 필기구를 사용한다. (연필 사용 시 무효처리)

CHAPTER

01

하이웨이스트 스커트
(High Waist Skirt)

하이웨이스트 스커트(High Waist Skirt) 기출문제			
자격종목	양장기능사	과제명	스커트
시험시간	표준시간 : 6시간, 연장시간 : 없음		
요구사항	1) 지급된 재료를 사용하여 디자인과 같은 하이웨이스트 스커트를 제작하시오. 2) 디자인과 같은 작품을 적용치수에 맞게 제도, 재단하여 의상을 제작하시오. 3) 디자인과 동일한 패턴 2부를 제도하여 1부는 마름질에 사용하고, 다른 1부는 제작한 작품과 함께 채점용으로 제출하시오. (제출한 패턴 제도에는 기초선과 제도에 필요한 부호, 약자를 표시합니다.) 4) 다음 디자인의 작업 지시서를 완성하시오. 5) 적용치수는 문제에 제시된 치수로 제작하고, 제시되지 않은 치수는 디자인에 맞게 제작 하시오. 　• 허리둘레 : 68cm　　• 엉덩이둘레 : 90cm 　• 엉덩이길이 : 18cm　　• 스커트 길이 : 60cm			
지시사항	1) 하이웨이스트 분량은 6cm, 앞판 웰트포켓은 4cm 폭으로 사용가능 하도록 하시오. 2) 여밈분량의 너비는 3cm, 뒤판 장식벨트 너비는 4cm 하시오. 3) 여밈과 안단은 골선으로 처리한다. 4) 겉감의 밑단시접은 바이어스처리 후 공구르기한다. 5) 안감의 밑단시접은 접어박기하고, 겉감의 밑단에서 2.5cm 올라간 위치에 안감이 위치 하도록 한다. 6) 단추구멍은 세로방향으로 단추크기에 맞게 버튼홀 스티치하고, 단추를 모두 다시오. 7) 스티치는 0.5cm 하시오.			
도면			

※ 매회 시험마다 지시사항과 적용치수가 다르게 출제될 수 있다.

스커트(Skirt)

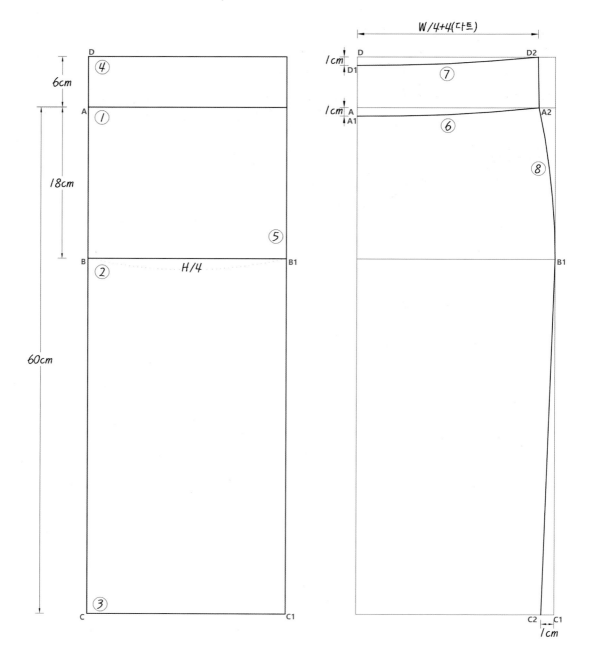

기초선

① A   —   직각선을 그린다.

② A-B   —   A선에서 엉덩이길이 18cm를 내린다.

③ A-C   —   A선에서 스커트길이 60cm를 내린다.

④ A-D   —   A선에서 하이웨이스트를 6cm 올린다.

⑤ B-B1   —   B점에서 H/4 이동한 점을 B1점으로 한다.

                       B1점에서 하이웨이스트선과 C(밑단)선까지 수직선으로 그린다.

뒤허리선

⑥ A-A1   —   A점에서 1cm 내려 A1점으로 한다.

   A2   —   A선상에서 W/4+4cm를 A2점으로 표시한다.

   A1-A2 —   A1-A2점을 자연스러운 곡선으로 허리선을 그린다. (A1점 직각유지)

하이웨이스트

⑦ D-D1   —   D(하이웨이스트)점에서 1cm 내려 D1점으로 한다.

   D2   —   D선상에서 W/4+4cm를 D2점으로 표시한다.

   D1-D2 —   D1-D2점을 자연스러운 곡선으로 하이웨이스트라인을 그린다.

                       (D1점 직각 유지)

옆선

⑧ D2-A2 —   D2-A2점을 수직선으로 연결한다.

   A2-B1 —   A2-B1점을 곡선으로 그린다.

   B1-C2 —   B1점과 C1점에서 1cm 들어온 C2점을 연결하여 옆선을 완성한다.

스커트(Skirt)

허리다트

⑨　E, F　－　A1-A2(허리)선의 3등분점을 E점과 F점으로 한다.

A1-E선의 직각으로 다트길이 11cm, 다트분량 2cm 그린다.

E-F선의 직각으로 다트길이 10cm, 다트분량 2cm 그린다.

하이웨이스트다트

⑩　G, H　－　D1-D2(하이웨이스트)선의 3등분점을 G점과 H점으로 한다.

G-E점, H-F점을 수직선으로 연결하고, 다트분량 2cm씩 그린다.

허리벨트

⑪　D1-D2　－　D1-D2선의 평행선으로 3cm 내려 허리벨트너비 4cm를 그린다.

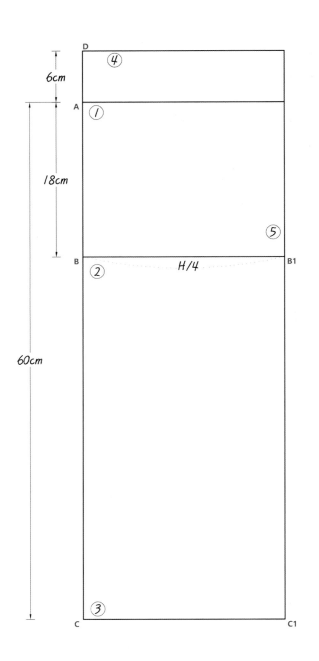

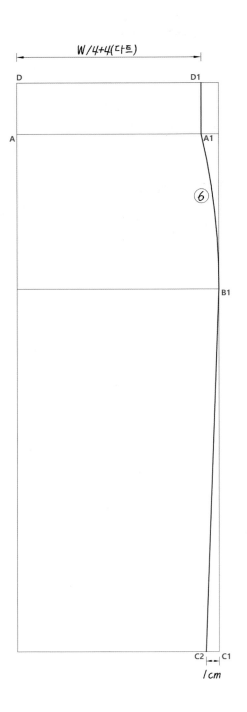

기초선

① A   —   직각선을 그린다.
② A–B   —   A선에서 엉덩이길이 18cm를 내린다.
③ A–C   —   A선에서 스커트길이 60cm를 내린다.
④ A–D   —   A선에서 하이웨이스트를 6cm 올린다.
⑤ B–B1   —   B점에서 H/4 이동한 점을 B1점으로 한다.

B1점에서 하이웨이스트선과 C(밑단)선까지 수직선으로 그린다.

옆선

⑥ A1   —   A점에서 W/4+4cm를 이동한 점을 A1점으로 한다.

D1   —   D점에서 W/4+4cm를 이동한 점을 D1점으로 한다.

D1–A1   —   D1–A1점을 수직선으로 연결한다.

A1–B1   —   A1–B1점을 곡선으로 그린다.

B1–C2   —   B1점과 C1점에서 1cm 들어온 C2점을 연결하여 옆선을 완성한다.

04 하이웨이스트 스커트 패턴 설계도[앞판 2]

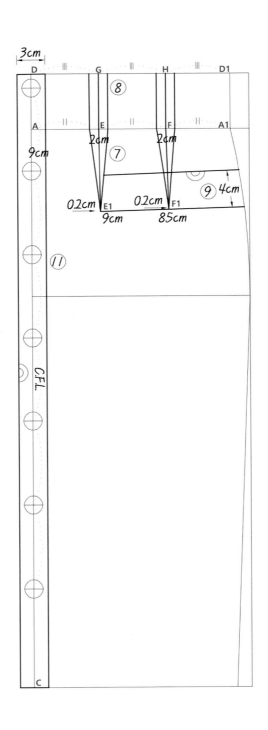

허리다트

⑦ E, F   –   A–A1(허리)선의 3등분점을 E점과 F점으로 한다.

   E–E1   –   A–E선을 직각으로 다트길이 9cm 내린 점에서 옆선방향으로 0.2cm 이동한 E1점과 E점을 연결하여 다트분량 2cm를 그린다.

   F–F1   –   E–F선을 직각으로 다트길이 8.5cm 내린 점에서 옆선방향으로 0.2cm 이동한 F1점과 F점을 연결하여 다트분량 2cm를 그린다.

하이웨이스트다트

⑧ G, H   –   D–D1(하이웨이스트)선의 3등분점을 G점과 H점으로 한다.

               G–E점, H–F점을 수직선으로 연결하고, 다트분량 2cm를 연결한다.

웰트포켓

⑨ E1–F1   –   E1–F1점을 연결하여 옆선까지 직선으로 그린다.

               E1–F1선의 평행선으로 4cm 올려 웰트포켓을 그린다.

앞여밈

⑩ D–C   –   D–C(중심)선을 기준으로 여밈분량 3cm를 그린다.

스커트(Skirt)

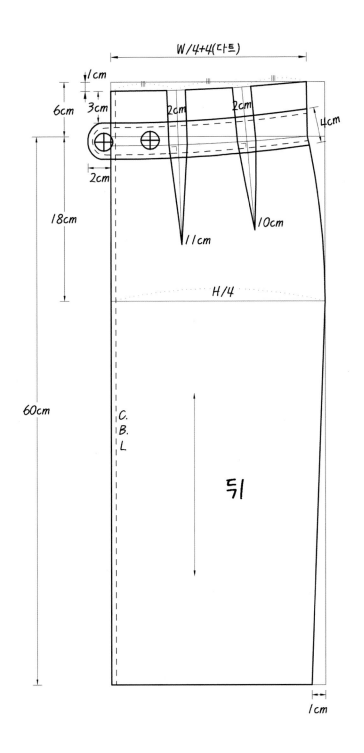

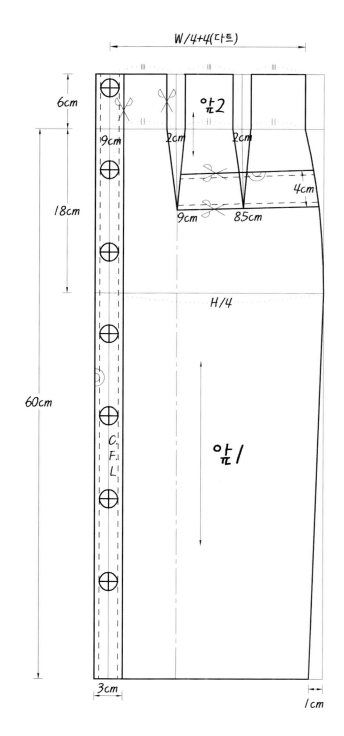

/ 하이웨이스트 스커트 패턴전개도

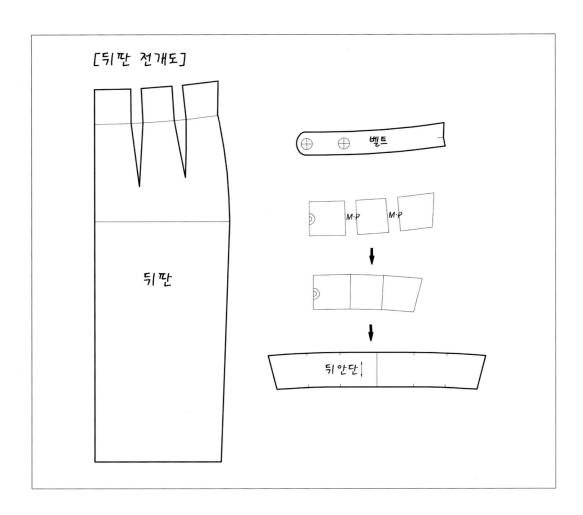

[뒤판 전개도]

1. 뒤안단은 스커트의 허리선에서 하이웨이스트선까지 복사한다.
2. 뒤안단의 다트를 M.P하고, 안단선을 자연스러운 곡선으로 그린다.
3. 뒤벨트는 다트를 M.P하지않고, 벨트모양 그대로 복사한다.

양장기능사 실기

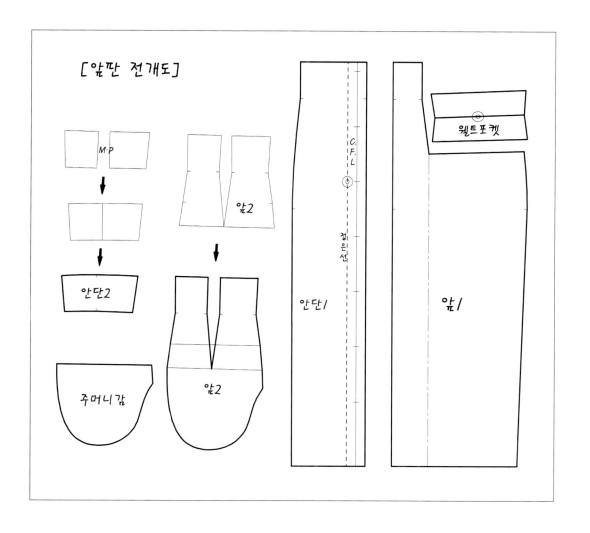

[앞판 전개도]

[앞판 전개도]

1. 앞1에서 안단을 복사하고, 앞1의 여밈절개선을 잘라 안단에 붙여 여밈과 안단을 골선 처리하여 안단1을 완성한다.
2. 앞2에서 웰트포켓의 너비를 포함시킨 주머니를 그린다.
3. 주머니감은 앞2에서 웰트포켓의 아래부분을 복사하여 사용한다.
4. 안단2는 앞2의 허리선에서 하이웨이스선까지 복사한다.
   안단2의 다트를 M.P하고, 안단선을 자연스러운 곡선으로 그린다.

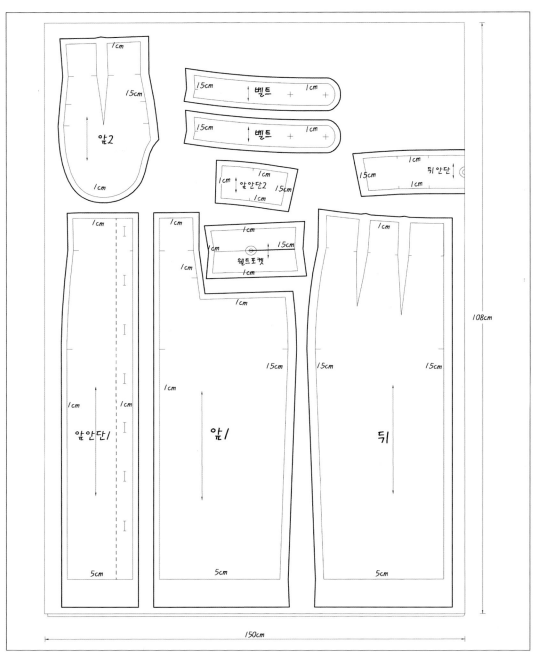

1. 전체 심지를 붙이는 앞안단, 뒤안단, 웰트포켓, 벨트는 시접을 크게 잘라 심지 작업 후
   시접정리를 한다. (원단 수축)
2. 웰트포켓과 뒤안단을 골선 재단한다.

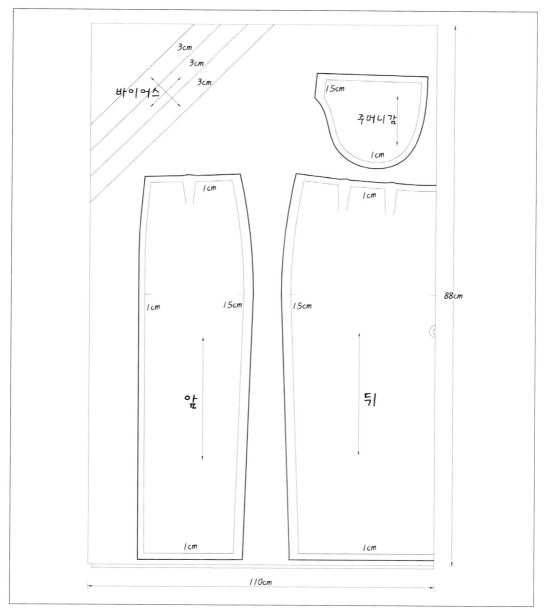

1. 안감의 다트는 외주름으로 처리한다.

2. 뒤판을 골선 재단한다.

3. 웰트포켓의 주머니감을 재단한다.

4. 밑단 바이어스감은 3cm로 준비한다.

5. 안감의 시접표시는 실표뜨기보다 송곳으로 완성선을 찔러 표시하는 것이 효율적이다.

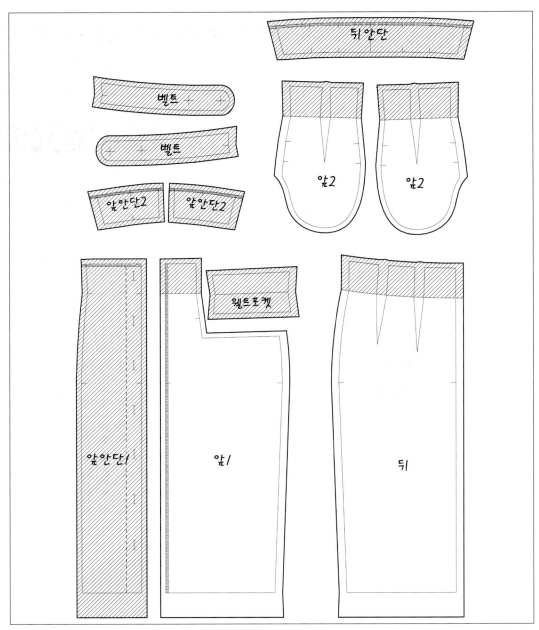

1. 그림과 같이 심지와 식서테이프를 붙인다.
2. 앞안단1, 앞안단2, 뒤안단, 장식벨트, 웰트포켓은 심지를 붙인 후 시접정리한다.
3. 장식벨트는 겉면으로 나오는 벨트만 심지를 붙인다.
4. 스커트 몸판의 하이웨이스트부분에 심지를 붙인다.

봉제 (1~10번)	몸판	뒤다트 봉제	**봉제 (26~28번)**	몸판	앞여밈절개선+안단봉제
		뒤중심 봉제			앞·뒤판 옆선봉제
		앞다트 봉제		안감	옆선봉제
	포켓	웰트포켓 스티치	**다림질 (29~35번)**	몸판	옆선 다림질
		앞1+웰트포켓 봉제			앞여밈절개선 다림질
		웰트포켓+주머니감 봉제			밑단접어 다림질
	벨트	장식벨트 봉제		안감	옆선 다림질
	안감	뒤안단+안감봉제			밑단접어 다림질
		앞안단+안감봉제	**봉제 (36~41번)**	몸판	앞여밈절개선 스티치
다림질 (11~18번)	몸판	뒤다트, 뒤중심 다림질			밑단 바이어스 봉제
		앞다트 다림질		안감	밑단접어 봉제
	포켓	웰트포켓 다림질			안단+안감봉제
	벨트	장식벨트 다림질	**다림질 (42번)**	몸판	안단 다림질
	안감	뒤안단 다림질	**봉제 (43~46번)**	몸판	하이웨이스트선 봉제
		앞안단 다림질			밑단 봉제
봉제 (19~25번)	몸판	뒤중심 스티치			안단시접 누름상침
		웰트포켓 스티치	**다림질 (47~48번)**	몸판	하이웨이스트선 다림질
		장식벨트 스티치			밑단 다림질
		장식벨트 옆선고정	**마무리 (49~54번)**	몸판	시접정리
	포켓	포켓 봉제			단추구멍 봉제
		포켓 옆선고정			손바느질
					마무리 다림질

※ 각 아이템별 봉제과정은 위의 공정순서에 따라 이루어졌으며, 본 공정순서는 의상 제작에 있어 짧은 작업 동선으로 인한 효율적인 시간관리 및 의상의 전체적인 제작공정을 빠르게 이해할 수 있도록 구성하였다.

12 하이웨이스트 스커트 봉제과정

01 뒤다트, 뒤중심을 봉제한다. (다트 봉제 시 다트 끝은 되돌아박기 하지않고, 실매듭 2cm처리한다.)

02 앞2의 다트를 봉제한다. (다트끝은 되돌아박기 하지 않고, 실매듭 2cm처리한다.)

03 웰트포켓의 골선부분을 0.5cm 스티치한다.

04 앞1의 웰트포켓 절개선과 웰트포켓의 시접을 봉제한다.

05 웰트포켓의 반대편 시접과 주머니감(안감)을 봉제한다.

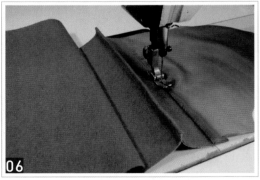

06 그림과 같이 웰트포켓의 시접을 주머니감으로 향하게 눕혀서 0.1cm 누름상침한다.

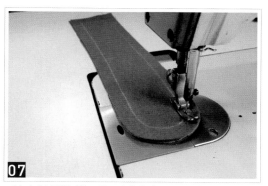

심지 부착한 벨트를 아래에 놓고 봉제한다.

그림과 같이 아래에 있는 벨트의 코너부분에
이즈가 생기도록 벨트를 안으로 말아서 봉제한다.

뒤안단과 뒤안감 봉제 시 안감의 다트분량은
외주름으로 접어서 봉제한다.

안단2와 안감 봉제 시 안감의 다트분량을 외주름
으로 접어서 봉제한다.

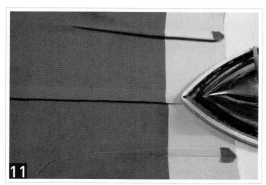

뒤중심 시접은 입어서 왼쪽으로 향하게 다림질하고,
뒤다트 시접은 뒤중심으로 향하도록 다림질 한다.

앞2의 다트시접을 앞중심으로 향하게 다림질
한다.

스커트(Skirt)

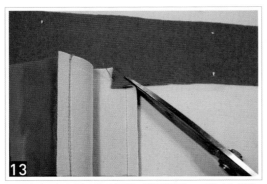

13 그림과 같이 앞1의 시접을 완성선(웰트포켓 봉제선) 까지 가위집을 낸다.

14 앞1과 웰트포켓의 시접을 가름솔로 다림질한다.

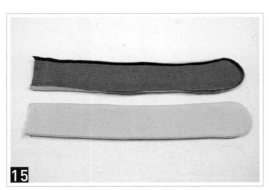

15 벨트시접을 0.3cm로 자르고, 심지를 붙이지 않은 벨트의 시접을 접어서 다림질한다.

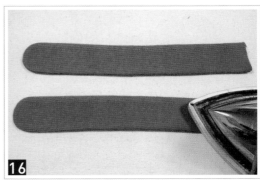

16 벨트의 좌·우 모양이 동일하도록 다림질한다.

17 뒤판의 다트길이만큼 안감다트를 접어서 다림질 한다.

18 앞판의 다트길이만큼 안감다트를 접어서 다림질 한다.

19 뒤중심을 0.5cm 스티치한다.

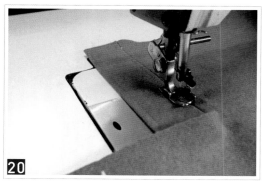

20 그림과 같이 웰트포켓의 단시접을 0.5cm 스티치한다.

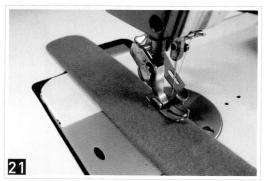

21 벨트를 0.5cm 스티치한다.

22 뒤판의 벨트위치(옆선)에 벨트를 고정시킨다.

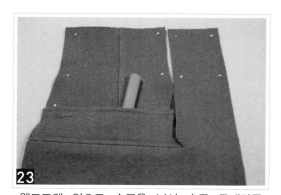

23 웰트포켓 안으로 송곳을 넣어 송곳 두께만큼 주머니의 여유를 만들어준다.

24 앞1과 앞2의 하이웨이스트선에서 주머니까지 한 번에 봉제한다.

스커트(Skirt)

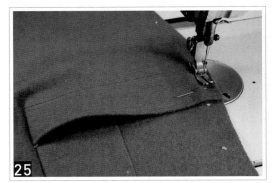

앞1과 앞2의 옆선시접을 고정시킨다.

앞1의 여밈절개선과 안단을 봉제한다.

앞·뒤판 옆선을 봉제한다.

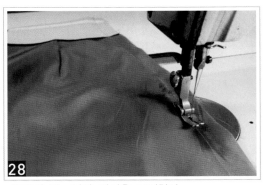

안감의 앞·뒤판 옆선을 봉제한다.

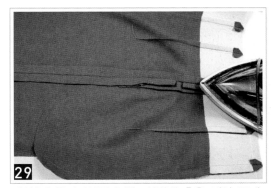

옆선의 주머니시접과 벨트시접에 층을 내어 두께
를 분산시켜 다림질한다.

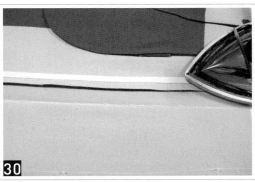

앞여밈절개선 시접을 앞중심으로 향하게 다림질
한다.

그림과 같이 안단의 밑단시접은 앞여밈 골선을 기준으로 자른다.

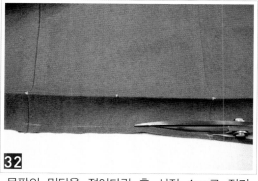

몸판의 밑단을 접어다린 후 시접 4cm로 정리한다.

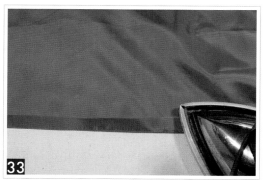

안감의 옆선시접은 뒤중심으로 향하게 접어서 다림질한다.

안단의 옆선은 가름솔로 다림질한다.

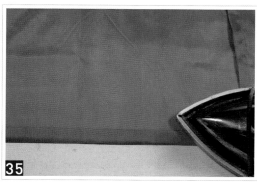

안감의 밑단시접 3.5cm를 반으로 접어서 다림질한다.

그림과 같이 앞여밈절개선을 0.5cm 스티치한다.

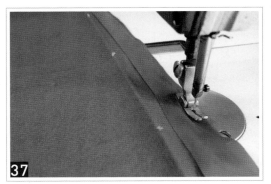

몸판의 밑단시접에 바이어스감을 올려 0.3 ∼ 0.5cm 너비로 봉제한다.

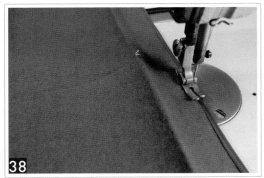

바이어스감으로 밑단시접을 감싸면서 바이어스감 위를 끝스티치한다.

안감의 밑단시접을 끝스티치한다.

안단1과 안감을 봉제한다.

원단이 두꺼울 경우 그림과 같이 안단시접을 바이어스 봉제한다.

안단시접을 다림질한다.

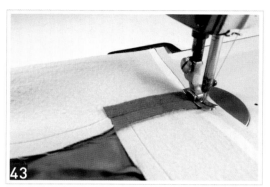

그림과 같이 앞여밈의 골선을 접은 상태에서 하이웨이스선을 봉제한다.

하이웨이스선 봉제와 마찬가지로 앞여밈의 골선을 접은 상태에서 밑단을 봉제한다.

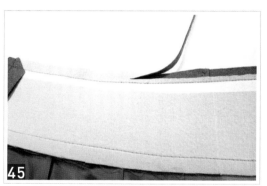

원단이 두꺼운 경우 하이웨이스의 시접은 층을 내어 두께를 분산시킨다.

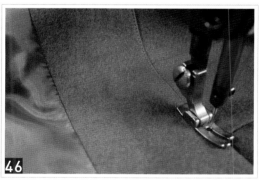

하이웨이스의 시접을 안단으로 향하게 눕혀서 0.1cm 누름상침한다.

안단에서 하이웨이스선을 다림질한다.

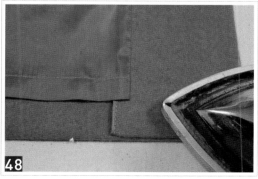

그림과 같이 안단의 밑단을 다림질한다.

스커트(Skirt)

49
안단과 밑단을 시침질한다.

50
앞여밈의 가장자리를 0.5cm 스티치한다.

51
단추구멍 위치에 가로 1.8cm, 폭 0.3cm로 두 줄 봉제한다. (p.35 참고)

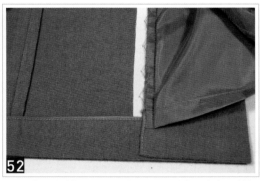

52
그림은 밑단을 공구르기하고, 안단은 세발뜨기한 모습이다.

53
몸판옆선과 안감옆선을 4cm 사슬뜨기한다.

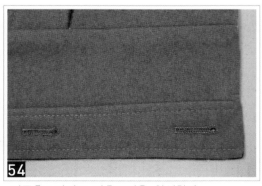

54
버튼홀스티치로 단추구멍을 완성한다.
(p.35 참조)

스커트 앞모습

스커트 옆모습

스커트 뒷모습

스커트(Skirt)

작업 지시서

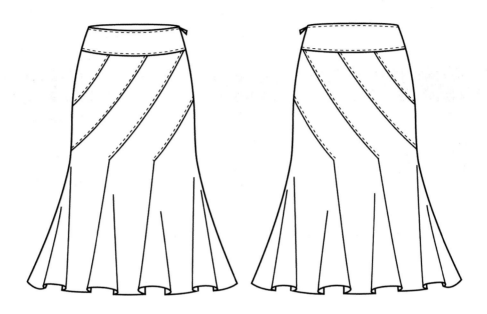

재단 및 봉제 시 유의사항 (5개 이상)	원·부자재 소요량			
1. 원단을 식서방향으로 재단한다.	원·부자재	규격	소요량	단위
2. 허리밴드 너비를 4cm로 한다.	원단	150cm	1.3	yd
3. 안감은 겉감의 사선라인이 끝나는 길이까지 안감을 넣고, 밑단을 1cm 접어박기한다.	안감	110cm	0.5	yd
4. 겉감의 밑단시접을 1cm 접어박기한다.	심지	110cm	0.5	yd
5. 허리밴드 끝까지 콘솔지퍼를 봉제하고, 걸고리를 단다.	재봉실	40s/2합	1	com
6. 겉감의 사선라인이 늘어나지 않도록 봉제한다.	콘솔지퍼	25cm	1	ea
7. 겉감의 플레어가 일정하게 되도록 한다.	걸고리		1	pair(쌍)
8. 스티치는 0.5cm로 한다.	식서테이프	10mm	2	yd

※ 매회 시험마다 적용 치수 및 지시사항이 다를 수 있으므로 출제 시험지를 잘 확인하여 작성한다.
※ 작업지시서는 반드시 흑색 또는 청색 필기구를 사용한다. (연필 사용 시 무효처리)

고어드 스커트
(Gored Skirt)

고어드 스커트(Gored Skirt) 기출문제			
자격종목	양장기능사	과제명	스커트
시험시간	표준시간 : 6시간, 연장시간 : 없음		
요구사항	1) 지급된 재료를 사용하여 디자인과 같은 고어드 스커트를 제작하시오. 2) 디자인과 같은 작품을 적용치수에 맞게 제도, 재단하여 의상을 제작하시오. 3) 디자인과 동일한 패턴 2부를 제도하여 1부는 마름질에 사용하고, 다른 1부는 제작한 작품과 함께 채점용으로 제출하시오. (제출한 패턴 제도에는 기초선과 제도에 필요한 부호, 약자를 표시합니다.) 4) 다음 디자인의 작업 지시서를 완성하시오. 5) 적용치수는 문제에 제시된 치수로 제작하고, 제시되지 않은 치수는 디자인에 맞게 제작하시오. • 허리둘레 : 68cm • 엉덩이둘레 : 90cm • 엉덩이길이 : 18cm • 스커트길이 : 60cm • 밴드너비 : 4cm			
지시사항	1) 안감은 절개선없이 재단하고, 겉감의 사선라인이 끝나는 길이까지 안감을 넣으시오. 2) 겉감의 밑단시접은 1cm 접어박기 하시오. 3) 허리밴드 끝까지 콘솔지퍼를 봉제하고, 걸고리 처리하시오. 4) 스티치는 0.5cm 하시오.			
도면	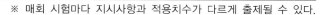			

※ 매회 시험마다 지시사항과 적용치수가 다르게 출제될 수 있다.

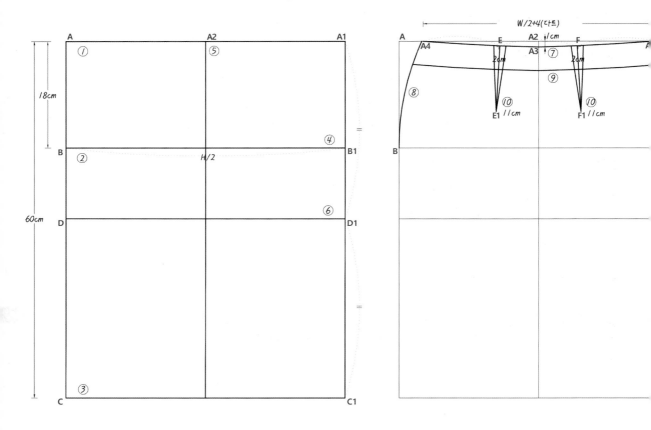

기초선

① A   –   직각선을 그린다.

② A–B   –   A선에서 엉덩이길이 18cm를 내린다.

③ A–C   –   A선에서 스커트길이 60cm를 내린다.

④ B–B1   –   B점에서 H/2 이동한 점을 B1점으로 한다.
                 B1점에서 A(허리)선과 C(밑단)선까지 수직선으로 그린다.

⑤ A2   –   A–A1선의 이등분점인 A2점을 수직선으로 밑단까지 내린다.

⑥ D1(D)   –   A1–C1(A–C)점의 이등분점인 D1(D)점을 수평으로 그린다.

허리선

⑦ A3   –   A2점에서 1cm 내려 A3점으로 한다.

    A4, A5   –   A–A1선상에서 W/2+4cm를 A4점과 A5점으로 표시한다.
                 A4–A3–A5점을 자연스러운 곡선으로 허리선을 그린다. (A3점 직각 유지)

옆선

⑧ A4–B   –   A4–B점을 곡선으로 연결한다.

    A5–B1   –   A5–B1점을 곡선으로 연결한다.

허리밴드

⑨ 허리밴드–   A4–A3–A5(허리)선을 평행선으로 4cm 내려 허리밴드를 그린다.

다트

⑩ E, F   –   A4–A5선의 3등분점을 E점, F점으로 한다.
                 A4–E선의 직각으로 다트길이 11cm, 다트분량 2cm를 그린다.
                 A5–F선의 직각으로 다트길이 11cm, 다트분량 2cm를 그린다.

스커트(Skirt)

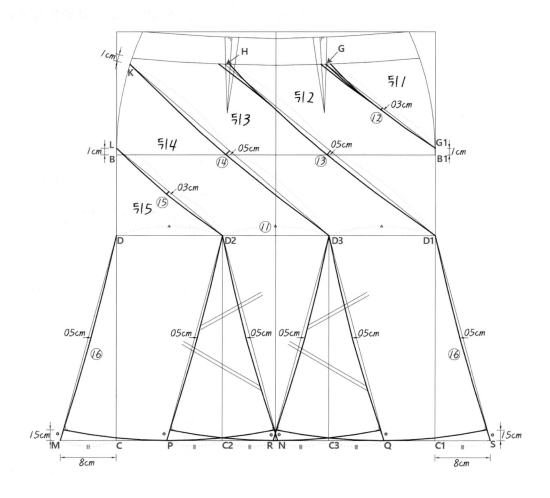

기초선

⑪ D2, D3 –   D-D1선의 3등분한 점을 D2, D3점으로 한다.

    D2-C2 –   D2점을 밑단까지 수직으로 내려 C2점을 그린다.

    D3-C3 –   D3점을 밑단까지 수직으로 내려 C3점을 그린다.

사선라인

⑫ G –   허리밴드와 다트의 교차점을 G점으로 한다.

    G-G1 –   G점과 B1점에서 1cm 올린 G1점을 직선으로 연결한다.

    (뒤1)   다트분량을 G-G1선으로 이동하여 그린다.

              G-G1선의 이등분점에서 0.3cm 내려 자연스러운 곡선으로 그린다.

⑬ H –   허리밴드와 다트의 교차점을 H점으로 한다.

    H-D1 –   H-D1점을 직선으로 연결한다.

    (뒤2)   다트분량을 H-D1선으로 이동한다.

              H-D1선의 이등분점에서 0.5cm 내려 자연스러운 곡선으로 그린다.

⑭ K-D3 –   허리밴드에서 1cm 내린 K점과 D3점을 직선으로 연결한다.

    (뒤3)   K-D3선의 이등분점에서 0.5cm 내려 자연스러운 곡선으로 그린다.

⑮ L –   B점에서 1cm 올린 점을 L점으로 하고, L-D2점을 직선으로 연결한다.

    L-D2 –   L-D2선의 이등분점에서 0.3cm 내려 자연스러운 곡선으로 그린다.

    (뒤4)

플레어/밑단

⑯ M –   C점에서 8cm 나간 점을 M점으로 한다.

    N –   C2점에서 8cm 나간 점을 N점으로 한다.

    (뒤5)   D-M선, D2-N선의 이등분점에서 0.5cm 들어온 곡선으로 그린다.

              M점과 N점에서 1.5cm 올려 M-N점을 자연스러운 곡선으로 연결한다.

    P –   C2점에서 8cm 나간 점을 P점으로 한다.

    Q –   C3점에서 8cm 나간 점을 Q점으로 한다.

    (뒤4)   D2-P선, D3-Q선의 이등분점에서 0.5cm 들어온 곡선으로 그린다.

              P점과 Q점에서 1.5cm 올려 P-Q점을 자연스러운 곡선으로 연결한다.

    R –   C3점에서 8cm 나간 점을 R점으로 한다.

    S –   C1점에서 8cm 나간 점을 S점으로 한다.

    (뒤3)   D3-R선, D1-S선의 이등분점에서 0.5cm 들어온 곡선으로 그린다.

              R점과 S점에서 1.5cm 올려 R-S점을 자연스러운 곡선으로 연결한다.

03 / 고어드 스커트 패턴 설계도[앞판 1]

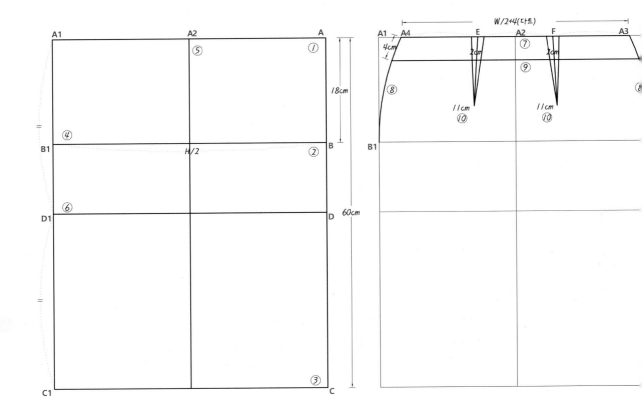

기초선

① A   —   직각선을 그린다.

② A−B   —   A선에서 엉덩이길이 18cm를 내린다.

③ A−C   —   A선에서 스커트길이 60cm를 내린다.

④ B−B1   —   B점에서 H/2 이동한 점을 B1점으로 한다.
                    B1점에서 A(허리)선과 C(밑단)선까지 수직선으로 그린다.

⑤ A2   —   A−A1선의 이등분점인 A2점을 수직선으로 밑단까지 내린다.

⑥ D1(D)   —   A1−C1(A−C)점의 이등분점인 D1(D)점을 수평으로 그린다.

허리선

⑦ A3−A4   —   A−A1선상에 W/2+4cm를 A3점과 A4점으로 표시한다.

옆선

⑧ A3−B   —   A3−B점을 곡선으로 연결한다.

     A4−B1   —   A4−B1점을 곡선으로 연결한다.

허리밴드

⑨ 허리밴드 −   A3−A2−A4(허리)선에서 평행선으로 4cm 내려 허리밴드를 그린다.

다트

⑩ E, F   —   A3−A4선의 3등분점을 E점, F점으로 한다.
                    A3−F선의 직각으로 다트길이 11cm, 다트분량 2cm를 그린다.
                    A4−E선의 직각으로 다트길이 11cm, 다트분량 2cm를 그린다.

스커트(Skirt)

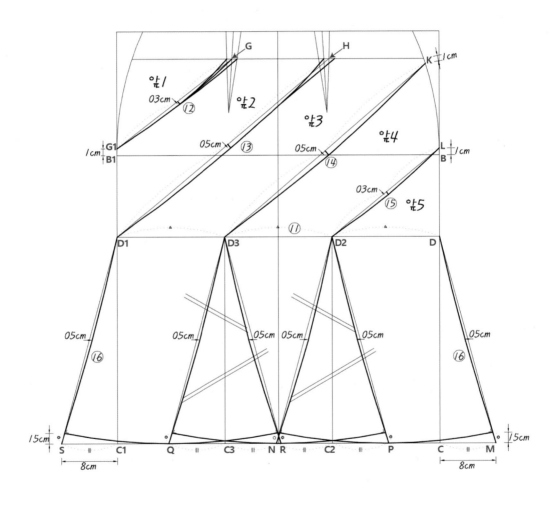

기초선

⑪ D2, D3 – D-D1선의 3등분한 점을 D2, D3점으로 한다.

D2-C2 – D2점을 밑단까지 수직선으로 내려 C2점을 그린다.

D3-C3 – D3점을 밑단까지 수직선으로 내려 C3점을 그린다.

사선라인

⑫ G – 허리밴드와 다트의 교차점을 G점으로 한다.

G-G1 – G점과 B1점에서 1cm 올린 G1점을 직선으로 연결한다.

(앞1) 다트분량을 G-G1선으로 이동하여 그린다.

G-G1선의 이등분점에서 0.3cm 내려 자연스러운 곡선으로 그린다.

⑬ H – 허리밴드와 다트의 교차점을 H점으로 한다.

H-D1 – H-D1점을 직선으로 연결한다.

(앞2) 다트분량을 H-D1선으로 이동한다.

H-D1선의 이등분점에서 0.5cm 내려 자연스러운 곡선으로 그린다.

⑭ K-D3 – 허리밴드에서 1cm 내린 K점과 D3점을 직선으로 연결한다.

(앞3) K-D3선의 이등분점에서 0.5cm 내려 자연스러운 곡선으로 그린다.

⑮ L – B점에서 1cm 올린 점을 L점으로 하고, L-D2점을 직선으로 연결한다.

L-D2 – L-D2선의 이등분점에서 0.3cm 내려 자연스러운 곡선으로 그린다.

(앞4)

플레어/밑단

⑯ M – C점에서 8cm 나간 점을 M점으로 한다.

N – C2점에서 8cm 나간 점을 N점으로 한다.

(앞5) D-M선, D2-N선의 이등분점에서 0.5cm 들어온 곡선으로 그린다.

M점과 N점에서 1.5cm 올려 M-N점을 자연스러운 곡선으로 연결한다.

P – C2점에서 8cm 나간 점을 P점으로 한다.

Q – C3점에서 8cm 나간 점을 Q점으로 한다.

(앞4) D2-P선, D3-Q선의 이등분점에서 0.5cm 들어온 곡선으로 그린다.

P점과 Q점에서 1.5cm 올려 P-Q점을 자연스러운 곡선으로 연결한다.

R – C3점에서 8cm 나간 점을 R점으로 한다.

S – C1점에서 8cm 나간 점을 S점으로 한다.

(앞3) D3-R선, D1-S선의 이등분점에서 0.5cm 들어온 곡선으로 그린다.

R점과 S점에서 1.5cm 올려 R-S점을 자연스러운 곡선으로 연결한다.

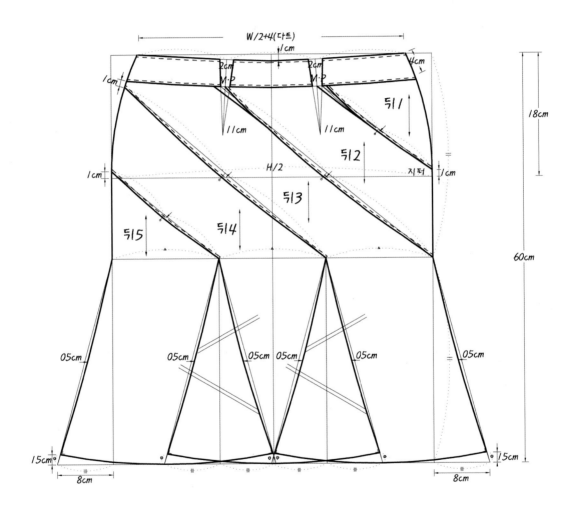

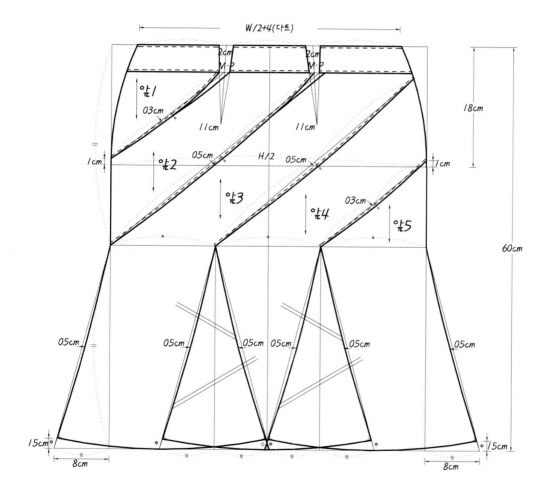

07 / 고어드 스커트 패턴전개도

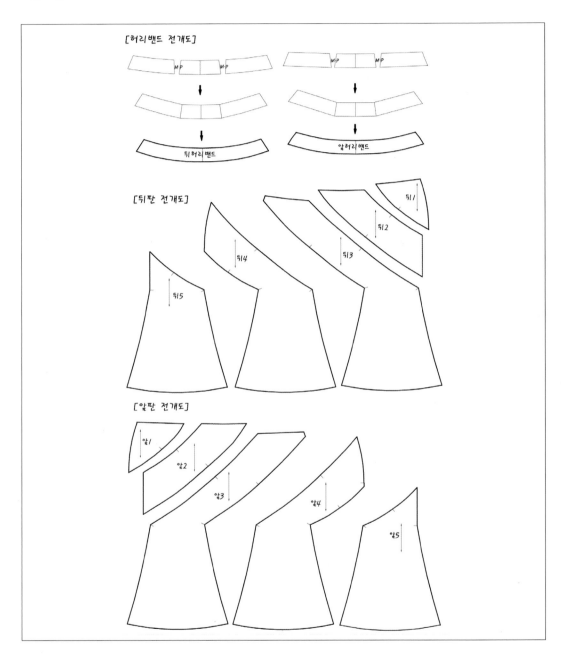

1. 앞 · 뒤허리밴드의 다트를 M.P하고, 허리밴드를 자연스러운 곡선으로 그린다.
2. 앞 · 뒤판 패턴을 함께 쓸 경우, 앞허리밴드의 중심을 1cm 내려 허리선을 수정하여 뒤허리
   밴드로 사용하고, 몸판도 마찬가지로 중심에서 1cm 내려 허리선을 수정하여 사용한다.

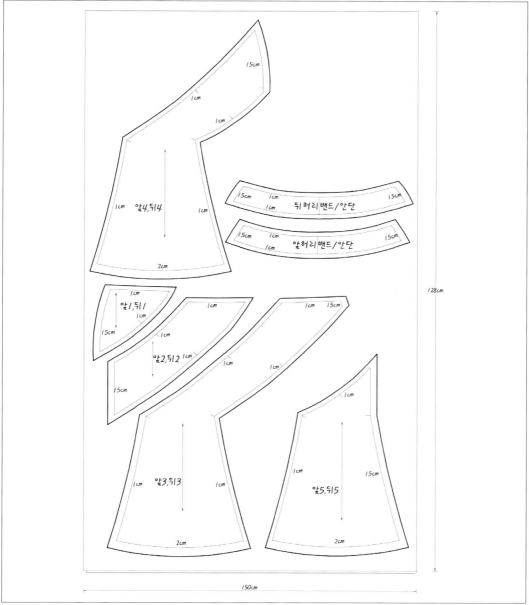

1. 전체 심지를 붙이는 앞·뒤벨트, 앞·뒤안단은 시접을 크게 잘라 심지작업 후 시접 정리를 한다.(원단 수축)

2. 앞판패턴을 이용하여 앞·뒤판을 함께 재단한다.

3. 뒤판으로 사용할 재단된 스커트의 밴드와 몸판 중심을 1cm 내려 곡선수정하여 뒤판 으로 사용한다.

스커트(Skirt)

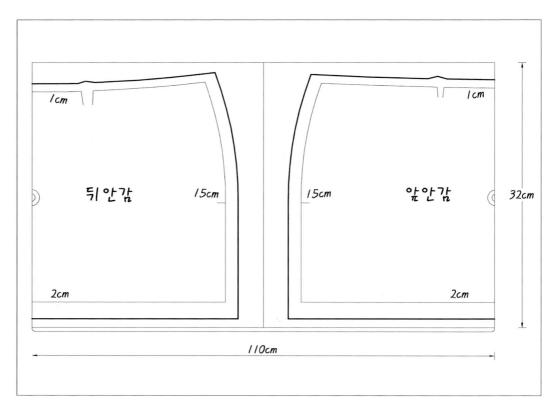

1. 안감을 양쪽으로 접어서 뒤안감과 앞안감을 재단한다. 동일한 패턴을 사용할 경우 앞중심선에서 1cm 내려 뒤판을 재단할 수 있다.

2. 안감 다트는 외주름으로 표시한다.

3. 안감의 길이는 사선절개선이 끝나는 곳까지하고, 밑단시접을 2cm로 한다.

4. 안감의 시접표시는 실표뜨기보다 송곳으로 완성선을 찔러 표시하는 것이 효율적이다.

10 / 고어드 스커트 심지작업

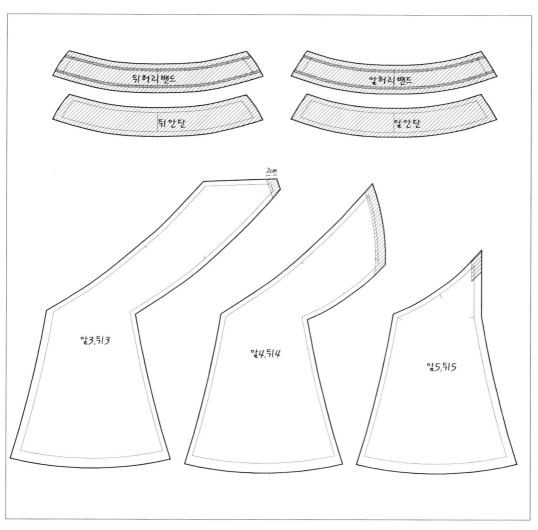

1. 그림과 같이 심지와 식서테이프를 붙인다.
2. 스커트의 지퍼 심지는 입어서 왼쪽시접에 2cm 너비로 붙인다.
3. 허리밴드와 안단은 심지를 붙이고 시접정리한다.

11 / 고어드 스커트 공정순서

봉제 (1~9번)	몸판	뒤 사선라인 봉제	봉제 (25~29번)	몸판	몸판 + 허리밴드 봉제
		앞 사선라인 봉제			밑단 말아박기
		허리밴드, 안단 옆선봉제	다림질 (30~33번)	몸판	밑단 다림질
	안감	앞·뒤판 옆선봉제			허리선 다림질
다림질 (10~17번)	몸판	앞·뒤판 사선라인 시접정리			콘솔지퍼 다림질
		뒤 사선라인 다림질	봉제 (34~40번)	몸판	허리밴드 스티치
		앞 사선라인 다림질			콘솔지퍼 봉제
		허리밴드, 안단 다림질	다림질 (41~43번)	몸판	지퍼 봉제선 다림질
	안감	옆선 다림질			옆선 다림질
		밑단 접어 다림질	봉제 (44~49번)	몸판	몸판 + 안감 고정
봉제 (18~21번)	몸판	뒤 사선라인 스티치			몸판 + 안감 지퍼선 봉제
		앞 사선라인 스티치			몸판 + 안감 합봉
		앞·뒤판 옆선봉제			허리밴드 시접 누름상침
	안감	안단+안감봉제	다림질 (50~52번)	몸판	허리밴드 시접정리
		밑단봉제			허리밴드 다림질
다림질 (22~24번)	몸판	옆선 다림질	봉제 (53번)	몸판	허리밴드 스티치
	안감	앞·뒤안단 다림질	마무리 (54~56번)	몸판	손바느질
		밑단 다림질			마무리 다림질

※ 각 아이템별 봉제과정은 위의 공정순서에 따라 이루어졌으며, 본 공정순서는 의상제작에 있어 짧은 작업동선으로 인한 효율적인 시간관리 및 의상의 전체적인 제작공정을 빠르게 이해할 수 있도록 구성하였다.

그림과 같이 앞·뒤판의 봉제선을 미리 핀으로 연결한다.

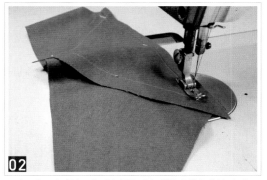

뒤1과 뒤2(앞1과 앞2)를 봉제한다.(봉제선이 늘어나지 않게 주의한다.)

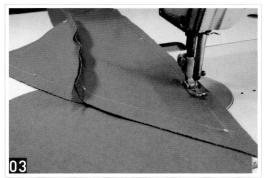

뒤2와 뒤3(앞2와 앞3)을 봉제한다.(봉제선이 늘어나지 않게 주의한다.)

뒤3을 뒤4(앞3을 앞4)에 올려 몸판의 밑단부터 봉제한다.

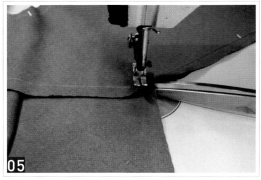

뒤3과 뒤4(앞3과 앞4)의 교차점에 바늘을 내린 후 뒤3의 코너시접을 자른다.

뒤3을 뒤4(앞3을 앞4)의 시접에 맞춰 봉제한다.

07 허리밴드의 옆선은 입어서 오른쪽시접을 봉제한다.

08 안단의 옆선은 입어서 오른쪽시접을 봉제한다. (허리밴드와 반대)

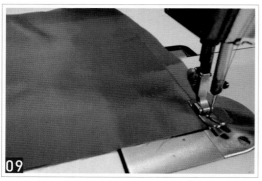

09 안감의 지퍼선에서 1.5cm 내려 밑단까지 봉제한다.

10 앞·뒤판 봉제선을 가름솔로 다림질한다.

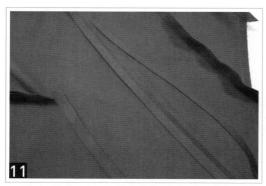

11 그림과 같이 스티치 위치의 몸판시접을 짧게 잘라 시접의 두께를 분산한다.

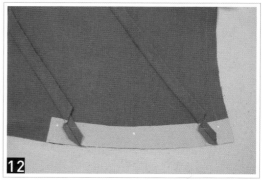

12 옆선시접에 가위집을 넣어 가름솔하고, 사선시접은 위로 향하게 다림질한다.

13 뒤3과 뒤4(앞3과 앞4)의 코너시접에 가위집을
넣고 사선 아래의 시접을 가름솔로 다림질한다.

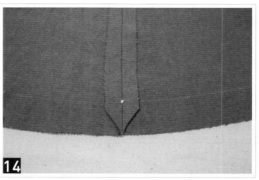

14 밑단시접을 사선으로 잘라 시접의 두께를 분산
시킨다.

15 안감의 옆선시접을 뒤중심으로 향하게 접어서
다림질한다.

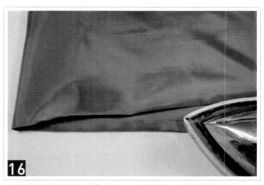

16 안감의 밑단시접을 2cm 접어서 다림질한다.

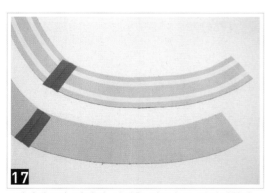

17 허리밴드와 안단의 시접을 가름솔로 다림질한다.

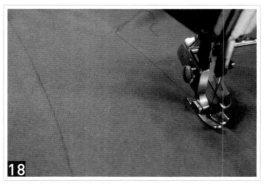

18 앞·뒤판 사선라인을 0.5cm 스티치한다.

19 앞·뒤판 옆선의 사선 교차점을 맞춰 봉제한다.

20 안단과 안감 봉제 시 안감의 다트분량은 외주름으로 접어서 봉제한다.

21 안감의 밑단시접을 끝스티치한다.

22 몸판의 사선라인이 끝나는 옆선 시접에 가위집을 넣고 가름솔로 다림질한다.

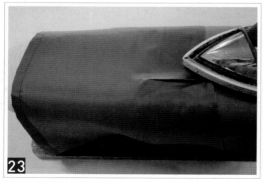

23 안감다트를 몸판의 다트길이만큼 접어서 다림질한다.

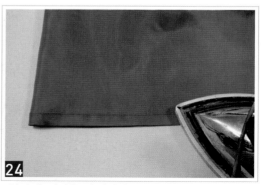

24 안감의 밑단을 다림질한다.

25 몸판의 허리시접과 허리밴드시접을 봉제한다.

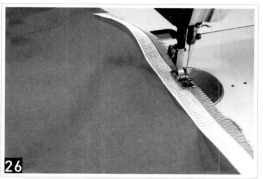

26 몸판의 밑단(겉)에 비접착 벨트심을 올려 1cm
봉제한다. (비접착 벨트심 시접정리 p.25)

27 비접착 벨트심을 안으로 뒤집어 시접을 끝스티치
한다.

28 비접착 벨트심을 쉽게 분리하기 위해서 비접착
벨트심의 가로 심줄이 봉제되지 않게 주의하면서
봉제한다.

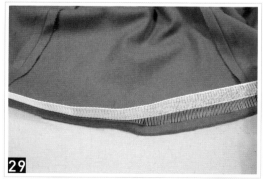

29 봉제가 끝나면 비접착 벨트심을 스커트 밑단에
서 분리한다.

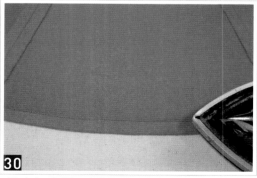

30 몸판의 밑단을 다림질한다.

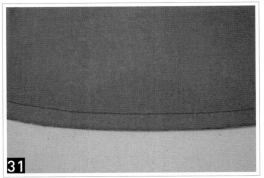

31 그림은 완성된 몸판 밑단의 겉모습이다.

32 허리시접을 허리밴드로 향하게 다림질한다.

33 콘솔지퍼의 테이프에서 이를 펼쳐 직선으로 다림질한다.

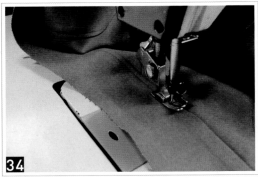

34 허리밴드의 시접을 0.5cm 스티치한다.

35 그림과 같이 몸판의 완성선과 콘솔지퍼의 이가 시작되는 부분을 표시한다.

36 몸판의 완성선에 지퍼를 올려 봉제한다. (봉제 시 지퍼가 밀리지 않게 핀으로 고정시킨다.)

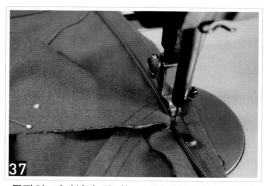

37

몸판의 지퍼선이 끝나는 부분에서 0.5cm 내려
간 위치까지 지퍼를 봉제한다.

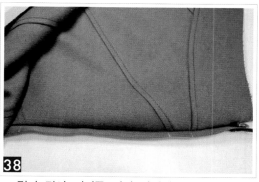

38

그림과 같이 지퍼를 잠궈 반대편 지퍼 테이프에
허리밴드의 위치와 몸판의 사선위치를 표시한다.

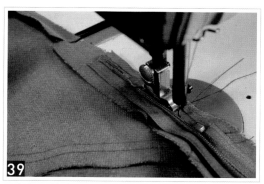

39

지퍼를 완전히 내려 반대편 지퍼가 끝난 지점과
동일한 위치에서 지퍼봉제를 한다.

40

그림과 같이 지퍼의 이와 테이프의 경계를 실표
뜨기와 맞추고, 38번에 표시한 위치가 맞는지
확인하면서 봉제한다.

41

지퍼의 봉제선에서 아래로 3cm 남기고 자른다.

42

지퍼의 이를 펼쳐 봉제선을 다림질한다.

스커트(Skirt)

43 지퍼를 올려 스커트 양쪽 몸판을 다림질한다.

44 그림은 몸판의 완성선과 안단의 완성선에서
0.5cm 나간지점을 핀으로 고정한 모습이다.
(반대편도 동일)

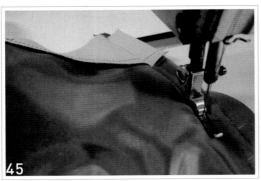

45 그림과 같이 몸판의 옆선(지퍼)시접과 안감의
옆선을 지퍼선까지 봉제한다.

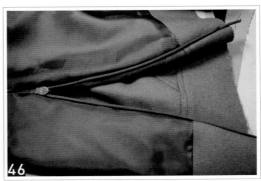

46 그림은 몸판의 옆선(지퍼)시접과 안감의 옆선
시접을 봉제한 모습이다.

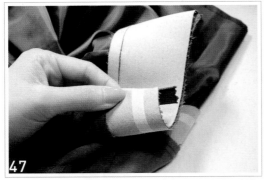

47 그림과 같이 몸판의 옆선(지퍼)시접을 안단 방향
으로 접는다.

48 몸판의 옆선(지퍼)시접을 접은상태에서 겉감과 안감
의 허리선을 봉제한다.

49 허리선 시접을 안단으로 향하게 눕혀서 0.1cm 누름상침한다.

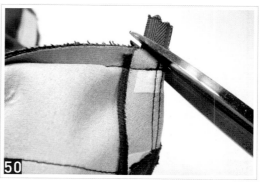

50 허리선과 옆선(지퍼)이 교차되는 시접을 사선으로 자른다.

51 안단에서 허리선을 다림질한다.

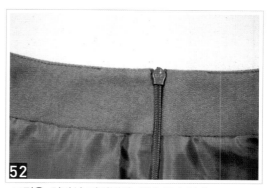

52 그림은 허리선 다림질이 끝난 모습이다.

53 몸판의 허리밴드를 0.5cm 스티치한다.

54 몸판옆선과 안감옆선을 4cm 사슬뜨기한다.

스커트(Skirt)

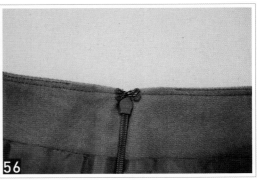

55 그림은 스커트 양쪽옆선을 사슬뜨기한 모습이다.

56 콘솔지퍼 끝부분에 걸고리를 버튼홀 스티치한다. (p.22 참고)

11 / 고어드 스커트 완성 작품

스커트 앞모습

스커트 뒷모습

기초선

① A   –   직각선을 그린다.

② A-B   –   A선에서 엉덩이길이 18cm를 내린다.

③ A-C   –   A선에서 스커트길이 57cm를 내린다.

④ B1   –   B점에서 H/4 이동한 점을 B1점으로 한다.

                           B1점에서 A(허리)선과 C(밑단)선까지 수직선으로 그린다.

허리선

⑤ A-A1   –   A선상에 W/4+2cm를 A1점으로 표시한다.

옆선

⑥ B2-C2   –   B1점에서 0.5cm 나간 B2점과 C1점에서 5cm 나간 C2점을 직선으로

                           연결한다.

   A1-B2   –   A1-B2점을 자연스러운 곡선으로 그린다.

밑단

⑦ C2-C3   –   C2점에서 1cm 올려 C3점으로 표시한다.

   C-C3   –   C-C3선을 이등분으로 나눈 점과 자연스러운 곡선으로 밑단을 완성한다.

골반밴드

⑧ D-D1   –   A-A1점에서 2cm 내린 점을 D점, D1점으로 한다.

                           D-D1점을 직선으로 연결하여 골반선을 그린다.

                           D-D1(골반)선에서 4cm 내려 골반밴드를 그린다.

스커트(Skirt)

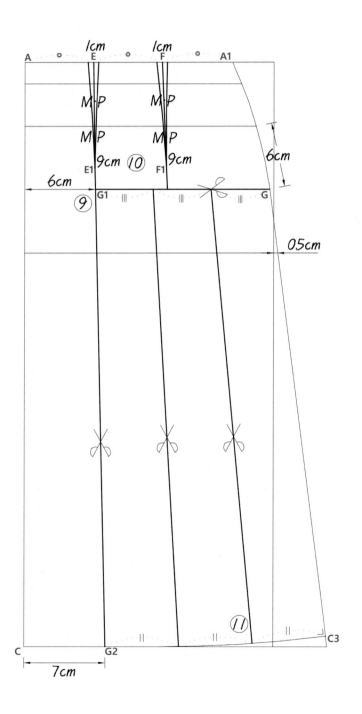

앞요크

⑨ G   –   밴드선에서 수평선으로 요크선을 6cm 내려 옆선과의 교차점을 G점으로 한다.

   G1   –   앞중심에서 6cm 들어온 점과 요크선의 교차점을 G1점으로 한다.

   G1-G2   –   C점에서 7cm 들어온 점을 G2점으로 하고, G1-G2점을 연결하여 앞요크를 완성한다.

다트/플리츠

⑩ E, F   –   A-A1선의 3등분점을 E점, F점으로 한다.

                  E선에서 G1점까지 수직선으로 연결하고 다트길이 9cm, 다트분량 1cm를 그린다.

                  F선에서 요크선까지 수직선으로 연결하고 다트길이 9cm, 다트분량 1cm를 그린다.

⑪ 플리츠 –   G-G1선의 3등분점과 C3-G2선의 3등분점을 연결하여 플리츠라인을 그린다.

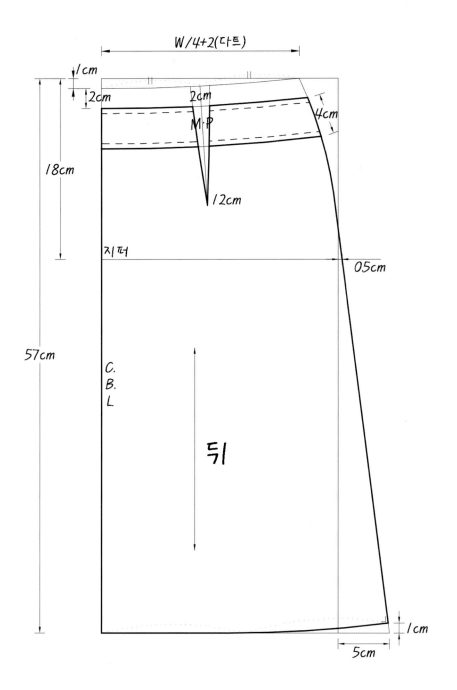

10 / 플리츠 스커트 심지작업

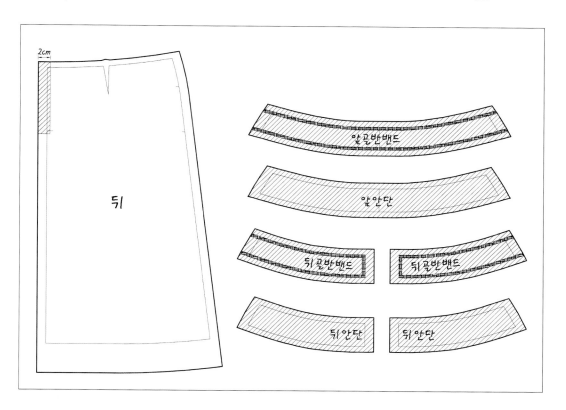

1. 그림과 같이 심지와 식서테이프를 붙인다.
2. 골반밴드와 안단은 심지를 붙이고 시접정리한다.
3. 뒤중심 지퍼위치에 심지를 붙인다.
4. 골반밴드의 완성선 안으로 식서테이프를 붙인다.

11 / 플리츠 스커트 공정순서

봉제 **(1~6번)**	몸판	뒤다트 봉제	**다림질** **(23~24번)**	안감	안단 다림질
		뒤중심 봉제			밑단 다림질
		앞플리츠 큰땀 봉제	**봉제** **(25~27번)**	몸판	몸판+골반밴드 봉제
		골반밴드, 안단 봉제			골반밴드 스티치
	안감	뒤중심 봉제			밑단 바이어스
		앞·뒤판 옆선봉제	**다림질** **(28~29번)**	몸판	골반밴드 다림질
다림질 **(7~13번)**	몸판	뒤다트 다림질			콘솔지퍼 다림질
		뒤중심 다림질	**봉제** **(30~43번)**	몸판	콘솔지퍼 봉제
		앞플리츠 다림질			몸판+안감 고정
		골반밴드, 안단 다림질			몸판+안감 지퍼선 봉제
	안감	옆선 다림질			몸판+안감 합봉
		뒤중심 다림질			골반밴드 누름상침
		밑단 접어 다림질	**다림질** **(45번)**	몸판	골반밴드 시접정리
봉제 **(14~20번)**	몸판	앞플리츠+요크봉제			골반밴드 다림질
		요크라인 스티치	**봉제** **(46~48번)**	몸판	골반밴드 스티치
		앞·뒤판 옆선봉제			플리츠 시접 고정봉제
	안감	안단+안감봉제	**마무리** **(49~50번)**	몸판	손바느질
		밑단 봉제			마무리 다림질
다림질 **(21~22번)**	몸판	앞요크 다림질			
		옆선 다림질			
		밑단 접어 다림질			

※ 각 아이템별 봉제과정은 위의 공정순서에 따라 이루어졌으며, 본 공정순서는 의상제작에 있어 짧은 작업동선으로 인한 효율적인 시간관리 및 의상의 전체적인 제작공정을 빠르게 이해할 수 있도록 구성하였다.

01 뒤다트, 뒤중심을 봉제한다. (다트끝은 되돌아박기를 하지않고, 실매듭 2cm 처리한다.)

02 앞밑단을 접어서 다림질한 후 플리츠시접을 큰 땀수로 봉제한다.

03 골반밴드의 옆선은 입어서 오른쪽 시접을 봉제한다.

04 안단의 옆선은 입어서 오른쪽 시접을 봉제한다. (골반밴드와 반대)

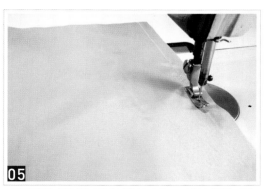

05 뒤안감의 중심은 지퍼선에서 1.5cm 내려 밑단까지 봉제한다.

06 안감의 옆선을 봉제한다.

스커트(Skirt)

07 뒤다트 시접을 뒤중심으로 향하게 다림질한다.

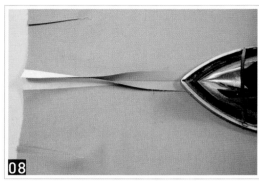

08 뒤중심을 가름솔로 다림질한다.

09 앞판의 플리츠시접을 앞중심으로 향하게 다림질
한다.

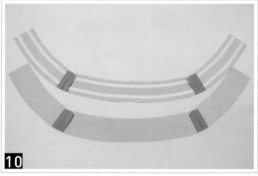

10 그림과 같이 골반밴드와 안단의 시접을 가름솔로
다림질한다.

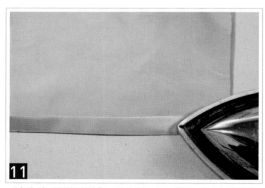

11 안감의 옆선시접은 뒤중심으로 향하게 봉제선을
접어서 다림질한다.

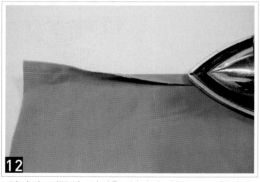

12 안감의 뒤중심 시접은 입어서 왼쪽으로 향하게
다림질한다.

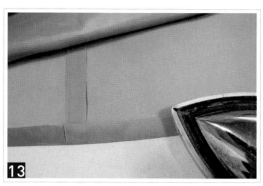

13 안감의 밑단시접 3.5cm를 반으로 접어서 다림질 한다.

14 앞플리츠와 요크선을 봉제한다.

15 앞플리츠와 요크선의 교차점에서 바늘을 내린 후 요크선의 코너시접을 자른다.

16 요크선을 앞플리츠 시접에 맞춰 봉제한다.

17 요크시접은 요크를 향하게 눕혀서 0.5cm 스티치 한다.

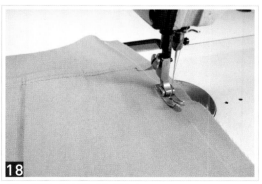

18 앞 · 뒤판 옆선을 봉제한다.

스커트(Skirt)

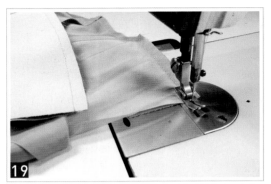

그림과 같이 안단과 안감봉제 시 안감의 다트
분량을 접어서 봉제한다.

안감의 밑단시접을 끝스티치한다.

요크와 옆선을 우마 위에서 다림질한다.

앞플리츠의 큰땀 봉제선을 제거하고, 스커트의 밑단
을 4cm로 시접정리한다.

안감다트는 몸판의 다트길이만큼 접어서 다림질
한다.

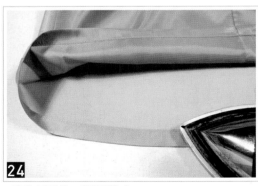

안감 밑단을 다림질한다.

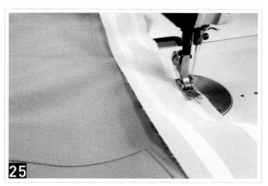

25 몸판과 골반밴드 시접을 봉제한다.

26 시접을 골반밴드로 향하게 눕혀서 0.5cm 스티치한다.

27 몸판의 밑단시접에 바이어스감을 올려 0.3~0.5cm 너비로 봉제 후 바이어스감으로 밑단시접을 감싸면서 끝스티치한다.

28 골반밴드를 다림질한다.

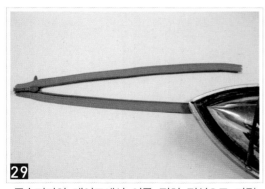

29 콘솔지퍼의 테이프에서 이를 펼쳐 직선으로 다림질한다.

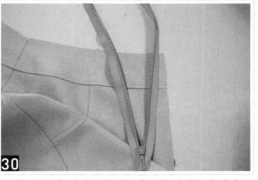

30 그림과 같이 지퍼봉제 위치에 콘솔지퍼의 슬라이드 배부분을 겉으로 보이도록 놓는다.

31 그림과 같이 몸판의 완성선과 콘솔지퍼의 이가 시작되는 부분을 표시한다.

32 몸판의 완성선에 지퍼를 올려 봉제한다. (봉제 시 지퍼가 밀리지 않게 핀으로 고정시킨다.)

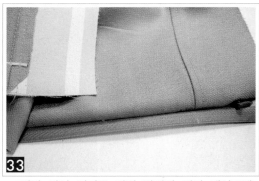

33 그림과 같이 지퍼를 잠궈 반대편 지퍼 테이프에 골반밴드의 위치를 표시한다.

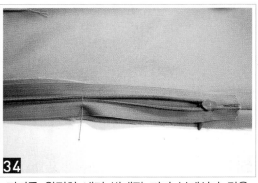

34 지퍼를 완전히 내려 반대편 지퍼 봉제선과 같은 위치에서 봉제를 시작한다.

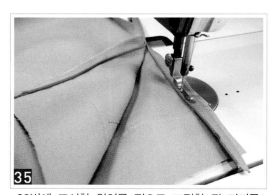

35 33번에 표시한 위치를 핀으로 고정한 뒤 지퍼를 봉제한다.

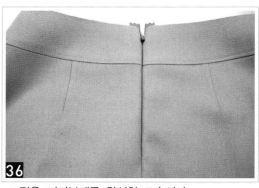

36 그림은 지퍼봉제를 완성한 모습이다.

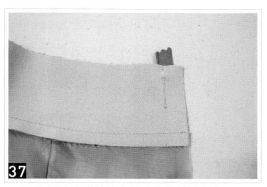

37 그림은 몸판의 완성선과 안단의 완성선에서 0.5cm 나간지점을 핀으로 고정한 모습이다.
(반대편도 동일)

38 그림과 같이 몸판의 옆선(지퍼)시접과 안감의 옆선을 지퍼선까지 봉제한다.

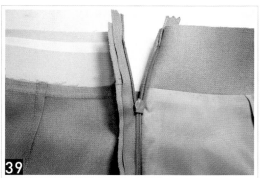

39 몸판의 옆선(지퍼)시접과 안단의 옆선시접을 맞춰서 봉제한다.

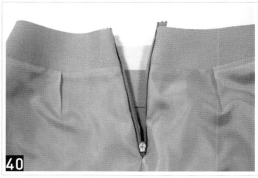

40 그림은 몸판의 옆선(지퍼)시접과 안감의 옆선시접을 봉제한 모습이다.

41 그림과 같이 몸판의 옆선(지퍼)시접을 안단 방향으로 접는다.

42 몸판의 옆선(지퍼)시접을 접은상태에서 골반선을 봉제한다.

43 골반선 시접을 안단으로 향하게 눕혀서 0.1cm 누름상침한다.

44 골반선과 옆선(지퍼)이 교차되는 시접을 사선으로 자른다.

45 안단에서 골반선을 다림질한다.

46 골반밴드를 0.5cm 스티치한다.

47 몸판의 밑단시접을 시침질한다.

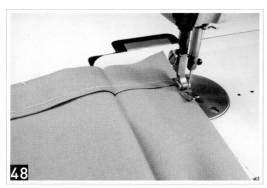

48 앞플리츠 끝을 0.1cm 봉제한다.
(플리츠 시접 고정봉제)

49 몸판의 밑단을 공구르기하고, 몸판옆선과 안감 옆선을 4cm 사슬뜨기한다.

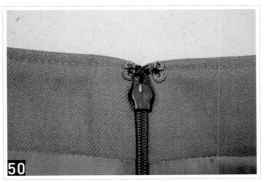

50 콘솔지퍼 끝부분에 걸고리를 버튼홀 스티치한다. (p.22 참고)

11 / 플리츠 스커트 완성 작품

스커트 앞모습

스커트 옆모습

스커트 뒷모습

스커트(Skirt)

작업 지시서

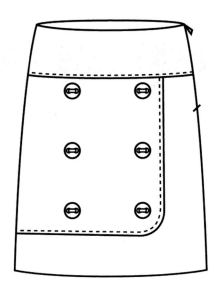
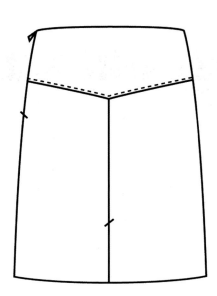

재단 및 봉제 시 유의사항(5개 이상)	원·부자재 소요량			
	원·부자재	규격	소요량	단위
1. 원단을 식서방향으로 재단한다.	원단	150cm	1.3	yd
2. 패널의 위치는 도식화와 동일한 위치에 제작한다.	안감	110cm	0.8	yd
3. 패널에 안감을 넣어 제작한다.	심지	110cm	0.5	yd
4. 앞·뒤판의 요크선은 옆선에서 교차되게 봉제한다.	재봉실	40s/2합	1	com
5. 옆선에 콘솔지퍼를 달고, 끝부분에 걸고리를 단다.	콘솔지퍼	25cm	1	ea
6. 뒤트임은 겹트임으로 15cm 길이로 한다.	걸고리		1	pair(쌍)
7. 겉감의 밑단시접은 바이어스, 안감 밑단은 겉감의 밑단 에서 2.5cm 올라간 위치에서 밑단시접을 접어박기한다.	단추	23mm	6	ea
8. 스티치는 0.5cm로 한다.	식서테이프	10mm	2	yd

※ 매회 시험마다 적용치수 및 지시사항이 다를수 있으므로 출제 시험지를 잘 확인하여 작성한다.

※ 작업지시서는 반드시 흑색 또는 청색필기구를 사용한다.(연필 사용 시 무효처리 됨)

04

요크 패널 스커트
(Yoke Panel Skirt)

요크 패널 스커트(Yoke Panel Skirt) 기출문제

자격종목	양장기능사	과제명	스커트
시험시간	표준시간 : 6시간, 연장시간 : 없음		
요구사항	1) 지급된 재료를 사용하여 디자인과 같은 요크 패널 스커트를 제작하시오. 2) 디자인과 같은 작품을 적용치수에 맞게 제도, 재단하여 의상을 제작하시오. 3) 디자인과 동일한 패턴 2부를 제도 하여 1부는 마름질에 사용하고, 다른 1부는 제작한 작품과 함께 채점용으로 제출하시오. (제출한 패턴 제도에는 기초선과 제도에 필요한 부호, 약자를 표시합니다.) 4) 다음 디자인의 작업 지시서를 완성하시오. 5) 적용치수는 문제에 제시된 치수로 제작하고, 제시되지 않은 치수는 디자인에 맞게 제작하시오. • 허리둘레 : 68cm　　• 엉덩이둘레 : 92cm • 엉덩이길이 : 18cm　　• 스커트길이 : 55cm • 요크너비 : 9cm　　　• 트임길이 : 15cm		
지시사항	1) 겉감의 밑단시접은 바이어스처리 후 공구르기하시오. 2) 뒤중심의 트임은 겹트임으로 처리하시오. 3) 안감의 밑단시접은 접어박기하고, 겉감의 밑단에서 2.5cm 올라간 위치에 안감이 위치하도록 하시오. 4) 스티치는 0.5cm 하시오.		
도면			

※ 매회 시험마다 지시사항과 적용치수가 다르게 출제될 수 있다.

Craftsman Dress Making　275

01 / 요크 패널 스커트 패턴 설계도 [뒤판 1]

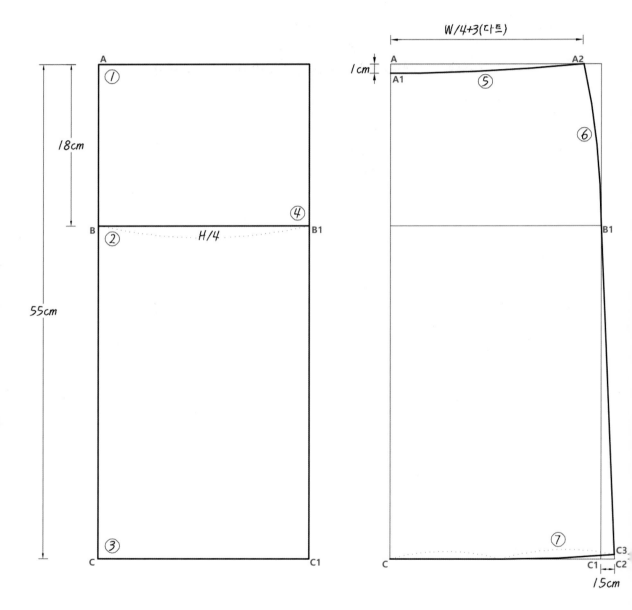

기초선

① A — 직각선을 그린다.
② A-B — A선에서 엉덩이길이 18cm를 내린다.
③ A-C — A선에서 스커트길이 55cm를 내린다.
④ B1 — B점에서 H/4 이동한 점을 B1점으로 한다.
    B1점에서 A(허리)선과 C(밑단)선까지 수직선으로 그린다.

허리선

⑤ A-A1 — A점에서 1cm 내려 A1점으로 한다.
  A2 — A선상에서 W/4+3cm를 A2점으로 표시한다.
  A1-A2 — A1-A2점을 자연스러운 곡선으로 허리선을 그린다. (A1점 직각 유지)

옆선

⑥ B1-C2 — B1점과 C1점에서 1.5cm 나간 C2점을 직선으로 연결한다.
  A2-B1 — A2-B1점을 자연스러운 곡선으로 그린다.

밑단

⑦ C2-C3 — C2점에서 0.3cm 올려 C3점으로 표시한다.
    C-C3선을 이등분으로 나눈 점과 C3점을 자연스러운 곡선으로 밑단을
    완성한다.

스커트(Skirt)

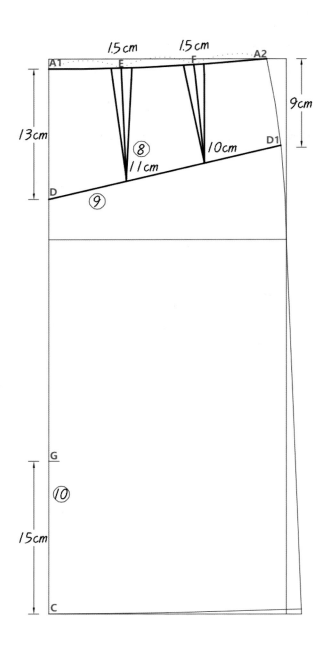

다트

⑧ E, F   –   A1-A2선의 3등분점을 E점, F점으로 한다.

A1-E선의 직각으로 다트길이 11cm, 다트분량 1.5cm를 그린다.

E-F선의 직각으로 다트길이 10cm, 다트분량 1.5cm를 그린다.

뒤요크/트임

⑨ D-D1   –   A1점에서 13cm 내린 D점과 A2점에서 9cm 내린 D1점을 직선으로 연결하여 뒤요크를 그린다.

⑩ G   –   C점에서 15cm 올려 트임 위치를 G점으로 표시한다.

03 / 요크 패널 스커트 패턴 설계도[앞판1]

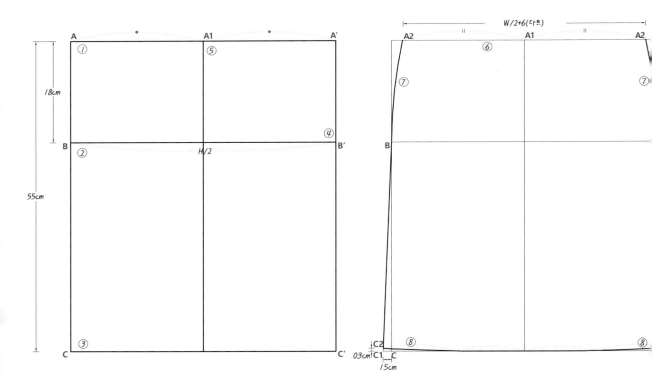

기초선

① A — 직각선을 그린다.

② A-B — A선에서 엉덩이길이 18cm를 내린다.

③ A-C — A선에서 스커트길이 55cm를 내린다.

④ B-B' — B점에서 H/2 이동한 점을 B'점으로 한다.
B'점에서 A'(허리)선과 C'(밑단)선까지 수직선으로 그린다.

⑤ A1 — A-A'(허리)선의 이등분점인 A1점을 수직선으로 밑단까지 그린다.

허리선

⑥ A2 — A-A'(허리)선상에 W/2+6cm를 A2점으로 표시한다.

옆선

⑦ B-C2 — B(B')점과 C1점에서 1.5cm 나간 C2점을 직선으로 연결한다.
A2-B — A2-B(A2-B')점을 자연스러운 곡선으로 그린다.

밑단

⑧ C1-C2 — C1점에서 0.3cm 올린 점을 C2점으로 한다.
앞중심에서 이등분으로 나눈 점과 C2점을 자연스러운 곡선으로 밑단을
완성한다.

요크 패널 스커트 패턴 설계도[앞판 2]

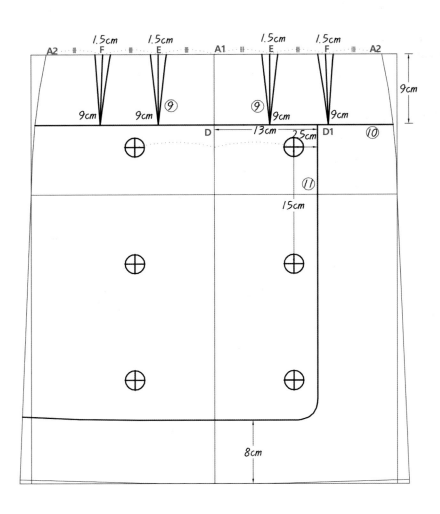

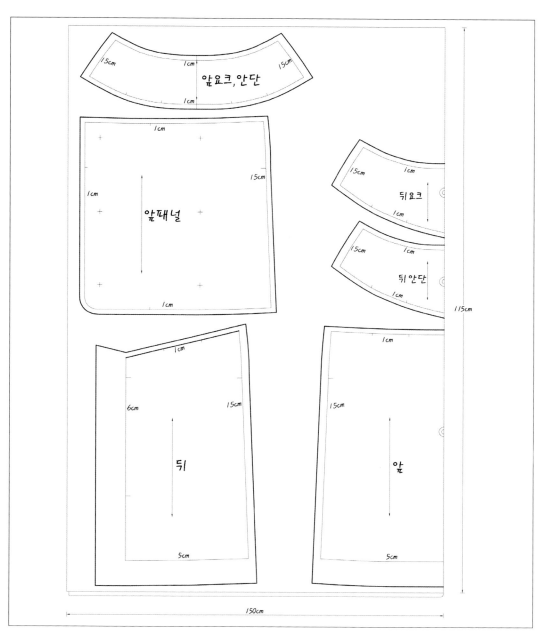

1. 전체 심지를 붙이는 앞·뒤판 요크, 앞·뒤판 안단은 시접을 크게 잘라 심지작업 후 시접 정리를 한다. (원단 수축)
2. 그림과 같이 뒤트임 시접을 접었을 때 뒤요크의 기울기와 동일하게 시접을 올려그린다.
3. 앞패널은 한 장만 필요하므로, 도식화를 참고하여 패널의방향을 확인한다.

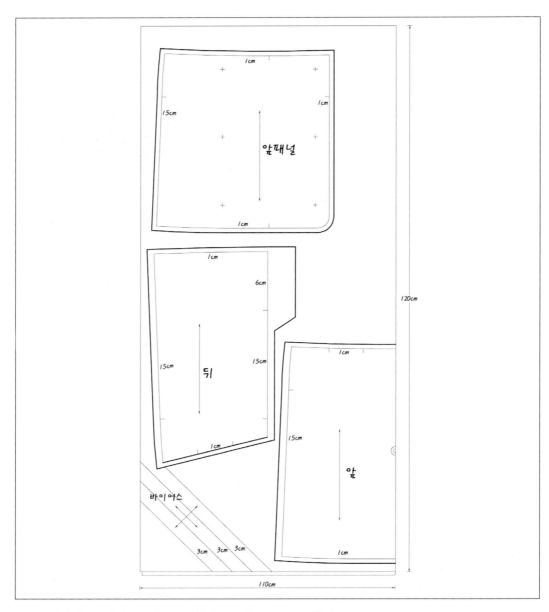

1. 앞패널의 안감은 겉감의 방향을 확인하고 재단한다.
2. 앞판을 골선으로 재단한다.
3. 뒤트임은 몸판과 동일한 시접 6cm로 한다.
4. 밑단 바이어스감은 3cm로 준비한다.
5. 안감의 시접표시는 실표뜨기보다 송곳으로 완성선을 찔러 표시하는 것이 효율적이다.

10 / 요크 패널 스커트 심지작업

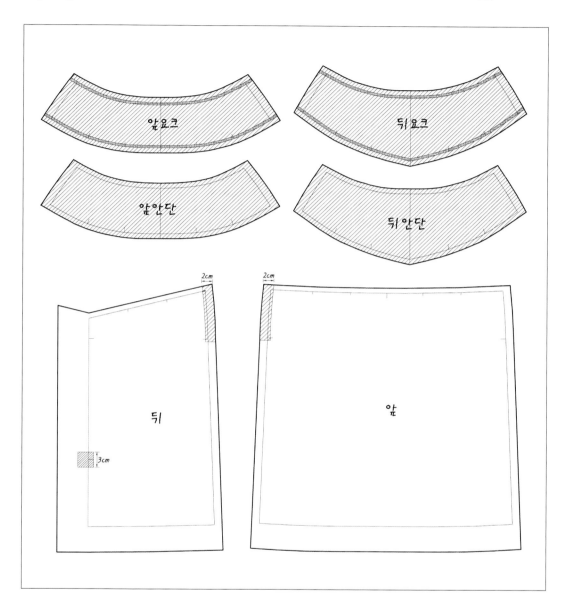

1. 그림과 같이 심지와 식서테이프를 붙인다.
2. 앞・뒤판 요크와 안단은 심지를 붙이고, 시접정리한다.
3. 겉감의 지퍼 심지는 입어서 왼쪽시접에 2cm너비로 붙인다.
4. 트임은 입어서 왼쪽 시접에 심지를 붙인다.
5. 요크의 완성선 안으로 식서테이프를 붙인다.

봉제 (1~6번)	몸판	뒤중심 봉제	봉제 (26~27번)	안감	안단+안감봉제
		뒤트임 시접 누름상침			밑단봉제
		패널+안감봉제	다림질 (27~30번)	몸판	옆선 다림질
		요크 옆선봉제			밑단 접어 다림질
		안단 옆선봉제		안감	요크 다림질
	안감	뒤중심 봉제			밑단 다림질
		앞·뒤판 옆선봉제	봉제 (31~33번)	몸판	몸판+요크봉제
다림질 (7~16번)	몸판	뒤중심 다림질			밑단 바이어스
		뒤트임 다림질	다림질 (34~35번)	몸판	요크 다림질
		뒤트임 시접정리			콘솔지퍼 다림질
		패널 다림질	봉제 (36~44번)	몸판	요크 스티치
		요크, 안단옆선 다림질			콘솔지퍼 봉제
	안감	뒤중심 다림질			몸판+안감 지퍼선 봉제
		옆선 다림질			몸판+안감 합봉
		밑단 접어 다림질			요크 시접 누름상침
봉제 (17~25번)	몸판	뒤트임 시접 고정봉제	다림질 (45번)	몸판	요크 시접정리
		패널 스티치			요크 다림질
		앞패널 고정봉제	마무리 (46~50번)	몸판	손바느질
		앞·뒤판 옆선봉제			마무리 다림질

※ 각 아이템별 봉제과정은 위의 공정순서에 따라 이루어졌으며, 본 공정순서는 의상 제작에 있어 짧은 작업 동선으로 인한 효율적인 시간관리 및 의상의 전체적인 제작공정을 빠르게 이해할 수 있도록 구성하였다.

12 / 요크 패널 스커트 봉제과정

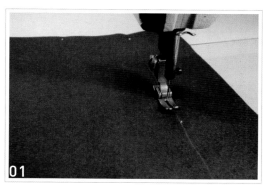

01 뒤중심의 트임선까지 직선으로 봉제한다.

02 그림과 같이 트임선의 각진부분을 곡선으로 봉제하고, 트임시접 1cm를 접어서 봉제한다.

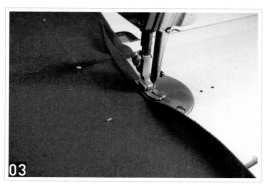

03 2번에서 접은 시접 1cm를 밑단까지 0.5cm 봉제한다.

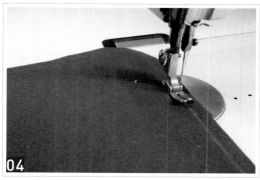

04 패널과 안감을 겹쳐 봉제한다. 안감에 이즈가 들어가지 않도록 주의한다.

05 요크의 옆선은 입어서 오른쪽 시접을 봉제하고, 안단의 옆선은 입어서 오른쪽 시접을 봉제한다. (요크와 반대)

06 안감의 뒤중심을 트임위치까지 봉제하고, 지퍼선이 있는 옆선은 지퍼선 위치에서 1.5cm 내려서 옆선을 봉제한다.

스커트(Skirt)

07 그림과 같이 뒤중심선은 입어서 왼쪽트임을 접어서 다림질한다.

08 트임의 밑단시접을 접어서 다림질한다.

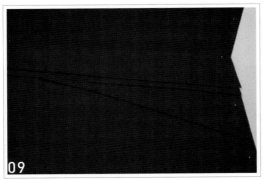

09 뒤중심의 시접을 1cm 잘라 시접의 두께를 분산시킨다.

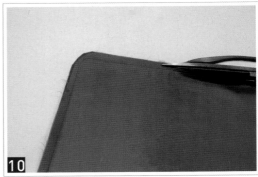

10 패널시접을 0.3cm로 자르고, 코너시접은 짧게 자른다.

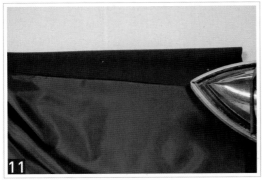

11 패널의 겉감과 안감의 봉제선을 펼쳐 시접을 겉감으로 향하게 다림질한다.

12 패널의 안감을 위로 놓고 다림질한다.

요크의 옆선시접을 가름솔로 다림질한다.

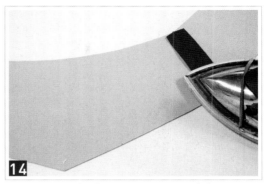

안단의 옆선시접을 가름솔로 다림질한다.

안감의 옆선시접은 뒤중심으로 향하게 봉제선을 접어서 다림질하고, 뒤중심시접은 입어서 왼쪽으로 향하게 봉제선을 접어서 다림질한다.

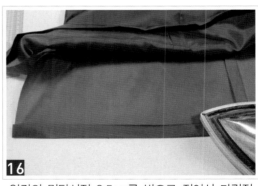

안감의 밑단시접 3.5cm를 반으로 접어서 다림질한다.

9번에서 층을 내어 자른 뒤중심시접을 고정봉제한다.

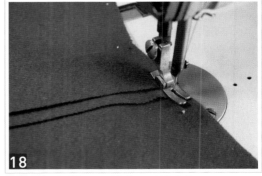

뒤중심 시접을 요크선에 고정시킨다.

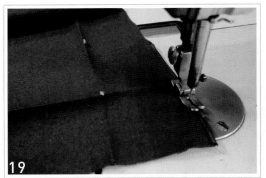

7번에서 접어다린 트임시접을 바이어스 봉제한다. (생략 가능)

트임시접을 바깥쪽으로 접어서 밑단선을 봉제한다.

그림과 같이 트임시접과 밑단시접을 정리한다.

패널은 안감을 위로 놓고 0.5cm 스티치한다.

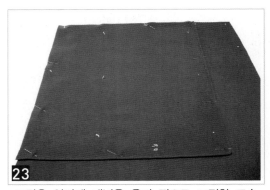

그림은 앞판에 패널을 올려 핀으로 고정한 모습이다.

앞판과 패널의 허리선, 옆선시접을 봉제하여 고정시킨다.

25

앞 · 뒤판 옆선을 봉제한다.

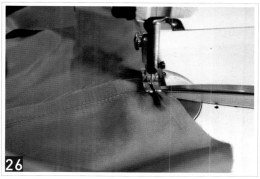

26

안단과 안감을 봉제 시 뒤중심의 각진부위에 가위집을 넣어서 봉제한다.

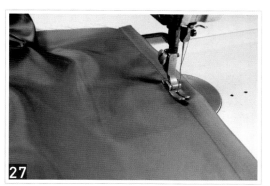

27

안감의 밑단시접을 끝스티치한다.

28

옆선시접을 다림질한다.

29

안단을 데스망 위에서 다림질한다.

30

안감의 밑단을 다림질한다.

31

몸판과 요크를 봉제한다.

32

그림과 같이 뒤요크 봉제 시 뒤중심의 각진부위
는 가위집을 넣어서 봉제한다.

33

몸판의 밑단시접에 바이어스감을 올려 0.3~0.5cm
너비로 봉제 후 바이어스감으로 밑단시접을 감싸
면서 끝스티치한다.

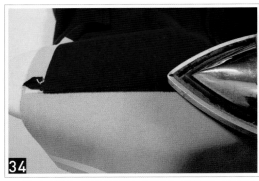

34

그림과 같이 요크시접을 요크로 향하게 다림질
한다.

35

콘솔지퍼의 테이프에서 이를 펼쳐 직선으로 다림
질한다.

36

몸판의 요크선을 0.5cm 스티치한다.

37 몸판의 완성선과 콘솔지퍼의 이가 시작되는 부분을 표시하고, 몸판의 완성선에 지퍼를 올려 봉제한다.

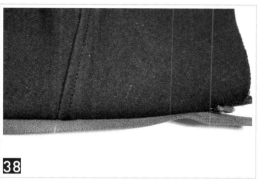

38 그림과 같이 지퍼를 잠궈 반대편 지퍼 테이프에 요크선의 위치를 표시한 뒤 지퍼를 봉제한다.

39 그림은 지퍼봉제를 완성한 모습이다.

40 몸판의 완성선과 안단의 완성선에서 0.5cm 나간 지점을 고정시키고, 몸판의 옆선(지퍼)시접과 안감의 옆선을 지퍼선까지 봉제한다.

41 그림은 몸판의 옆선(지퍼)시접과 안감의 옆선시접을 봉제한 모습이다.

42 몸판의 옆선(지퍼)시접을 안단 방향으로 접은상태에서 허리선을 봉제한다.

43 허리선 시접을 안단으로 향하게 눕혀서 0.1cm 누름상침한다.

44 그림은 허리선과 옆선(지퍼)선이 교차되는 시접을 사선으로 자른 모습이다.

45 안단에서 허리선을 다림질한다.

46 안감의 뒤중심에서 0.5cm 여유를 핀으로 고정한다.

47 그림과 같이 트임의 한쪽 면을 시침질한다.

48 그림과 같이 반대편 안감 트임시접을 몸판의 트임 모양으로 자르고, 트임시접을 공구르기한다.

49 몸판의 밑단을 공구르기하고, 몸판옆선과 안감 옆선을 4cm 사슬뜨기한다.

50 콘솔지퍼 끝부분에 걸고리를 버튼홀 스티치한다. (p.22 참고)

11 / 요크 패널 스커트 완성 작품

스커트 앞모습

스커트 옆모습

스커트 뒷모습

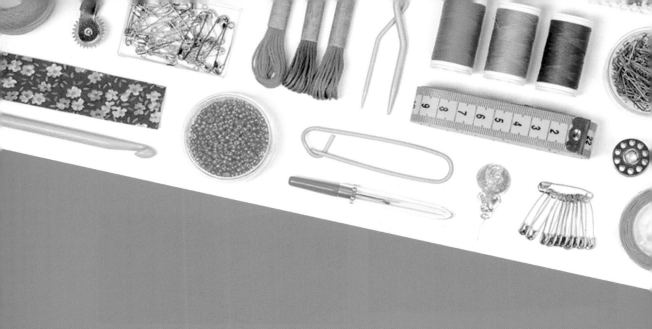

양 장 기 능 사   실 기
CRAFTSMAN DRESS MAKING

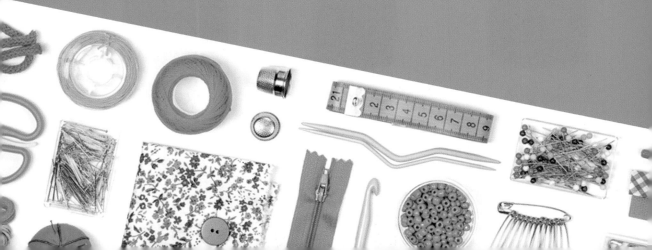

PART
06

팬츠
(Pants)

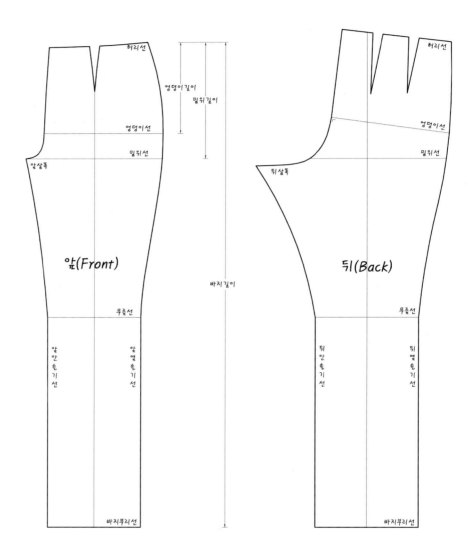

허리선	W.L	Waist Line	뒤옆솔기선	B.S.S.L	Back Side Seam Line
앞허리선	F.W.L	Front Waist Line	밑단선	HM.L	Hem Line
뒤허리선	B.W.L	Back Waist Line	앞안솔기	F.I.S	Front in Seam
무릎선	K.L	Knee Line	뒤안솔기	B.I.S	Back in Seam
뒤중심선	C.B.L	Center Back Line	밑위길이	C.L	Crotch Length
앞중심선	C.F.L	Center Front Line	바지부리선	HM.L	Hem Line
앞옆솔기선	F.S.S.L	Front Side Seam Line			

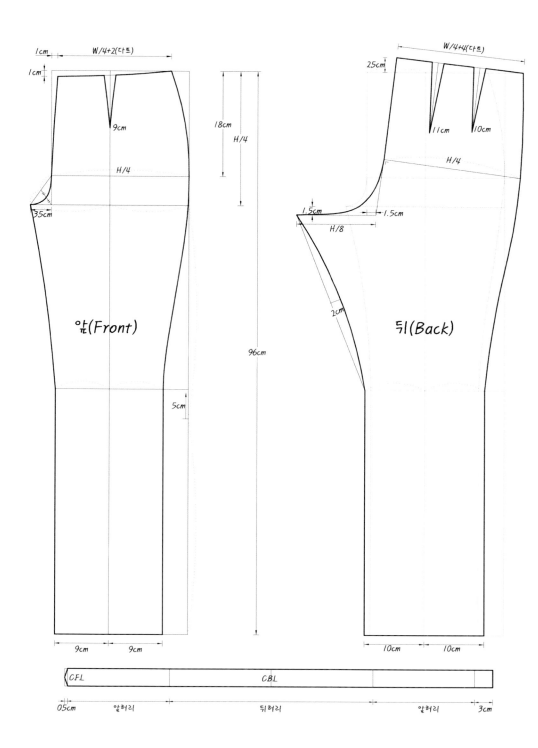

앞(Front)

뒤(Back)

W/4+2(다트)

1cm

1cm

9cm

H/4

3.5cm

18cm

H/4

96cm

5cm

9cm 9cm

W/4+4(다트)

25cm

11cm 10cm

H/4

1.5cm 1.5cm

H/8

2cm

10cm 10cm

C.F.L CBL

0.5cm 앞허리 뒤허리 앞허리 3cm

작업 지시서

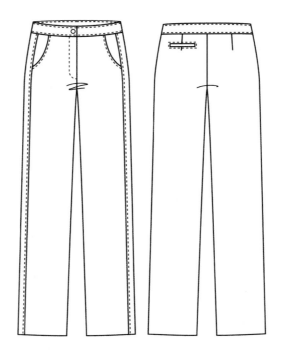

재단 및 봉제 시 유의사항 (5개 이상)	원·부자재 소요량			
	원·부자재	규격	소요량	단위
1. 원단을 식서방향으로 재단한다.	원단	150cm	1.4	yd
2. 허리선에서 2cm 내린 위치에서 골반밴드 4cm 너비로 제작한다.	안감	110cm	0.5	yd
3. 앞 절개선의 너비는 3cm, 시접은 쌈솔로 봉제한다.	심지	110cm	0.5	yd
4. 앞주머니 길이는 15cm, 주머니 시접은 통솔로 봉제한다.	재봉실	40s/2합	1	com
5. 뒤판의 장식용 외입술주머니를 13×1.5cm 크기로 봉제한다.	양면지퍼	25cm	1	ea
6. 몸판의 옆선과 밑단의 시접 끝을 접어박기하고, 밑단시접을 세발뜨기한다.	단추	25mm	1	ea
7. 단추구멍을 버튼홀스티치로 한다.	식서테이프	10mm	2	yd

※ 매회 시험마다 적용치수 및 지시사항이 다를수 있으므로 출제 시험지를 잘 확인하여 작성한다.

※ 작업지시서는 반드시 흑색 또는 청색필기구를 사용한다.(연필 사용시 무효처리 됨)

01

스트레이트 팬츠
(Straight Pants)

스트레이트 팬츠(Straight Pants) 기출문제

자격종목	양장기능사	과제명	팬츠
시험시간	표준시간 : 6시간, 연장시간 : 없음		

요구사항	1) 지급된 재료를 사용하여 디자인과 같은 스트레이트 팬츠를 제작하시오. 2) 디자인과 같은 작품을 적용치수에 맞게 제도, 재단하여 의상을 제작하시오. 3) 디자인과 동일한 패턴 2부를 제도 하여 1부는 마름질에 사용하고, 다른 1부는 제작한 작품과 함께 채점용으로 제출하시오. (제출한 패턴 제도에는 기초선과 제도에 필요한 부호, 약자를 표시합니다.) 4) 다음 디자인의 작업 지시서를 완성하시오. 5) 적용치수는 문제에 제시된 치수로 제작하고, 제시되지 않은 치수는 디자인에 맞게 제작하시오. 　• 허리둘레 : 68cm　　• 엉덩이둘레 : 92cm　　• 엉덩이길이 : 18cm 　• 바지길이 : 94cm　　• 밑단둘레 : 38cm　　• 밴드너비 : 4cm
지시사항	1) 허리선에서 2cm 내린 위치에서 골반밴드를 4cm 너비로 제작하시오. 2) 앞 절개선의 너비는 3cm, 시접은 쌈솔로 처리하시오. 3) 앞 주머니길이는 15cm, 시접은 쌈솔처리를 하고, 뒤 외입술주머니는 13×1.5cm로 제작하시오. 4) 옆선과 밑단의 시접은 접어박기하고, 밑단시접은 세발뜨기하시오. 5) 단추구멍은 단추크기에 맞게 버튼홀스티치 하시오. 6) 스티치는 0.5cm 하시오.
도면	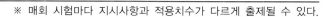

※ 매회 시험마다 지시사항과 적용치수가 다르게 출제될 수 있다.

01 / 스트레이트 팬츠 패턴 설계도[앞판1]

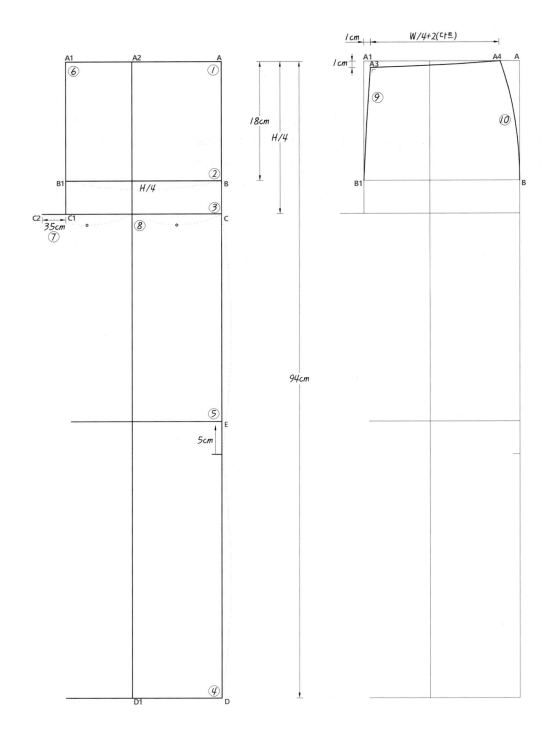

뒤중심

① K   —   A1-A2점의 이등분선을 K점으로 한다.

    K1   —   C1점에서 1.5cm 내린 점을 다시 옆선방향으로 1.5cm 이동하여 K1점으로 한다.

    K-K1   —   K-K1점을 연결한다.

② K1-K2   —   K1점에서 H/8 나간 점을 K2점으로 하고, 뒤샅폭을 그린다.

바지부리

③ M-L   —   D2(앞판)점에서 1cm 나간 L점과 E2(앞판)점에서 1cm 나간 M점을 연결한다.

    M1-L1   —   D3(앞판)점에서 1cm 나간 L1점과 E3(앞판)점에서 1cm 나간 M1점을 연결하여 바지부리를 완성한다.

안솔기

④ N   —   K2-M1선의 이등분점을 N점으로 한다.

    N-N1   —   N점에서 2cm 들어온 점을 N1점으로 한다,

                       K2-N1-M1점을 자연스러운 곡선으로 안솔기를 완성한다.

허리선

⑤ K-K3   —   K점에서 2.5cm 올린 점을 K3점으로 한다.

    K4   —   K3점에서 A-A1선상에 W/4+2cm를 K4점으로 표시한다.

    K3-K4   —   K3-K4점을 연결하여 허리선을 그린다.

밑위선

⑥ B2   —   B선상에 K1-K3(뒤중심)선의 직각으로 H/4를 B2점으로 표시한다.

VI 팬츠(Pants)

04 스트레이트 팬츠 패턴 설계도〔뒤판 2〕

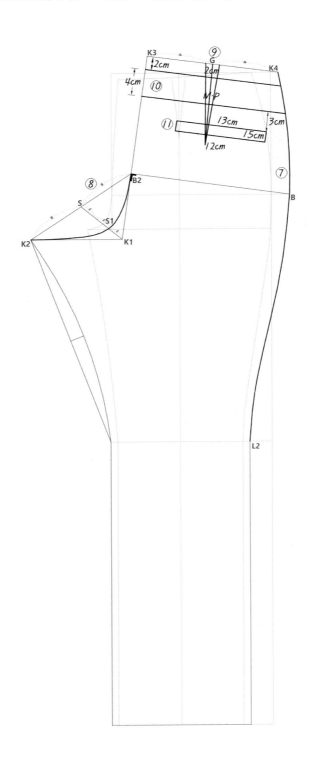

옆솔기/뒤샅

⑦ K4-B   –   K4-B점을 자연스러운 곡선으로 연결한다.

    B-L2   –   K4-B 곡선과 자연스럽게 연결되는 곡선으로 B-L2선을 그린다.

⑧ S   –   B2-K2점의 이등분점을 S점으로 한다.

    S1   –   S-K1점의 3등분점을 S1점으로 한다.

                  B2-S1-K2점을 자연스러운 곡선으로 뒤샅을 완성한다.

다트/골반밴드

⑨ G   –   K3-K4선의 이등분 점을 G점으로 한다.

                  K3-G선의 직각으로 다트길이 12cm 내린 점에서 옆선방향으로 0.2cm 이동하여 다트분량 2cm를 그린다.

⑩ 골반밴드 –   K3-K4(허리)선을 평행선으로 2cm 내리고 골반밴드를 4cm 너비로 그린다.

뒤주머니

⑪ 주머니   –   골반밴드에서 3cm 내려 외입술주머니(13×1.5)를 그린다.

05 스트레이트 팬츠 앞판 완성패턴

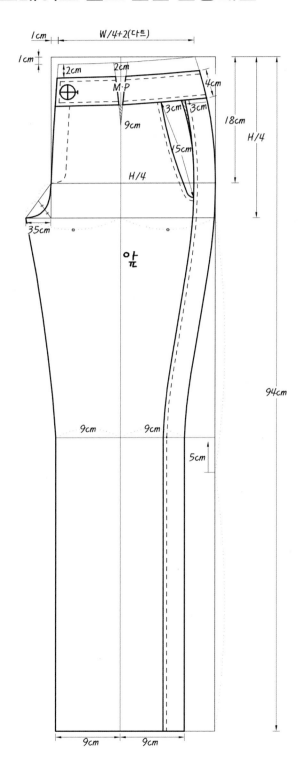

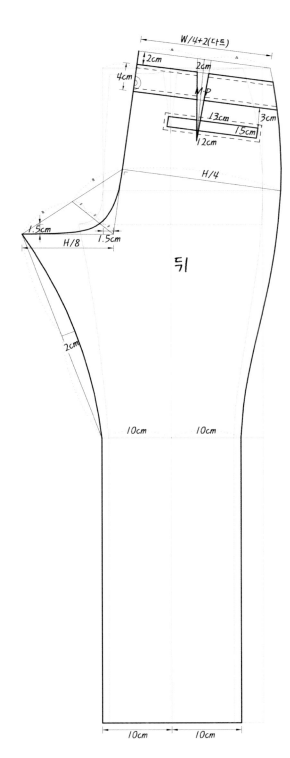

파츠(Pants)

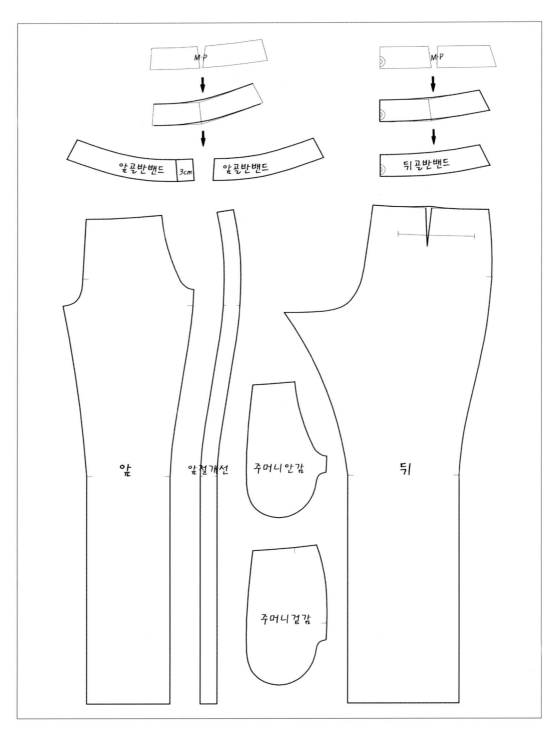

[뒤판전개도]

1. 뒤판의 다트를 접어서 다트선을 수정한다.
2. 뒤골반밴드의 다트를 M.P하고, 골반밴드를 자연스러운 곡선으로 그린다.

[앞판전개도]

1. 앞골반밴드의 다트를 M.P하고, 골반밴드를 자연스러운 곡선으로 그린다.
   입어서 왼쪽의 골반밴드에 여밈분량 3cm를 그린다.
2. 앞판패턴에서 앞절개선을 분리한다.
3. 앞판패턴에서 주머니의 겉감과 안감을 복사한다.

스트레이트 팬츠 원단배치도

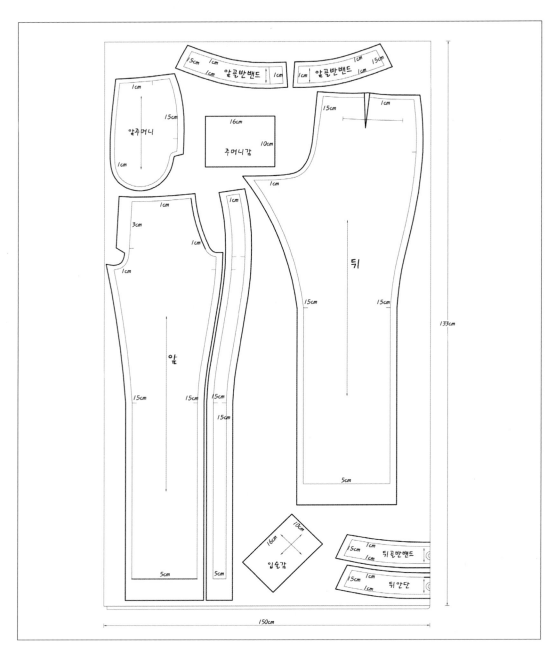

1. 전체 심지를 붙이는 앞·뒤골반밴드, 안단, 입술감은 시접을 크게 잘라 심지작업 후 시접정리를 한다.(원단 수축)
2. 뒤골반밴드는 골선으로 재단하고, 입술감은 바이어스방향으로 재단한다.

09 / 스트레이트 팬츠 심지작업

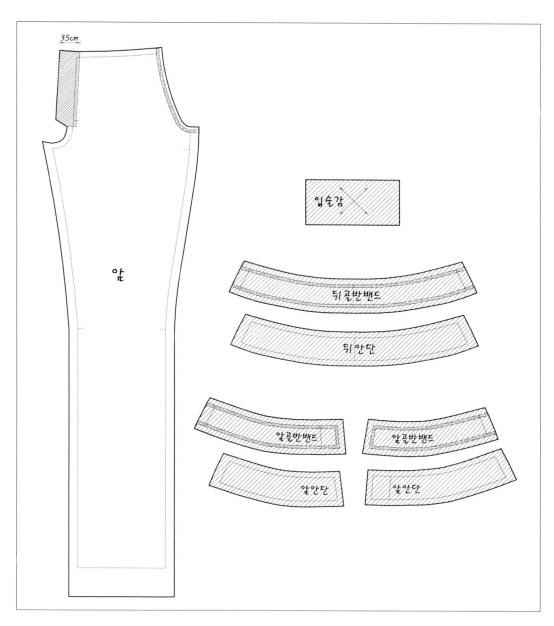

1. 그림과 같이 심지와 식서테이프를 붙인다.
2. 앞판의 지퍼시접은 3.5cm 너비로 심지를 붙이고, 앞주머니 시접은 식서테이프를 붙인다.
3. 입술감의 심지는 바이어스방향으로 자른다.
4. 골반밴드와 안단은 심지를 붙이고 시접정리를 한다.

10 / 스트레이트 팬츠 공정순서

봉제 (1~6번)	뒤판	뒤다트 봉제	봉제 (40~41번)	몸판	앞판+뒤판 안솔기 봉제
	앞판	앞판+주머니감 봉제			안솔기시접 접어박기
		앞주머니시접 누름상침	다림질 (42~43번)	몸판	안솔기시접 다림질
	골반밴드	골반밴드, 안단봉제			밑단 접어 다림질
다림질 (7~11번)	뒤판	뒤다트 다림질	봉제 (44~48번)	몸판	앞판+뒤판 샅시접 봉제
		뒤주머니 심지부착			샅시접 접어박기
	앞판	앞주머니 다림질			지퍼 봉제
	골반밴드	골반밴드, 안단 다림질	다림질 (49~51번)	몸판	샅시접 다림질
봉제 (12~23번)	뒤판	뒤주머니 봉제			뒤중심 다림질
	앞판	앞주머니 스티치			지퍼선 다림질
		앞주머니감 시접봉제	봉제 (52~56번)	몸판	지퍼 스티치
	골반밴드	골반밴드+안단 허리선 봉제			앞·뒤판 옆솔기 봉제
		골반밴드 시접 누름상침			옆솔기시접 접어박기
다림질 (24~28번)	뒤판	뒤주머니 다림질	다림질 (57~58번)	몸판	옆솔기 다림질
	앞판	앞주머니 다림질	봉제 (59~60번)	몸판	몸판+골반밴드 봉제
	골반밴드	골반밴드 시접정리			밑단 시접봉제
		골반밴드 다림질	다림질 (61~62번)	몸판	골반밴드 다림질
		골반밴드 단접어 다림질			골반밴드 시침질
봉제 (29~39번)	뒤판	뒤주머니 스티치	봉제 (63~64번)	몸판	골반밴드 스티치
	앞판	앞주머니감 통솔봉제	마무리 (65~70번)	몸판	단추구멍 봉제
		앞판+절개선 봉제			손바느질
		절개선 시접정리			마무리 다림질
		절개선 쌈솔봉제			

※ 각 아이템별 봉제과정은 위의 공정순서에 따라 이루어졌으며, 본 공정순서는 의상 제작에 있어 짧은 작업 동선으로 인한 효율적인 시간관리 및 의상의 전체적인 제작공정을 빠르게 이해할 수 있도록 구성하였다.

11 스트레이트 팬츠 봉제과정

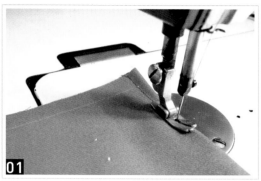

01 뒤다트를 봉제한다. (다트끝은 되돌아박기를 하지 않고, 실매듭 2cm 처리한다.)

02 앞판의 주머니 시접과 주머니감(안감)을 봉제한다.

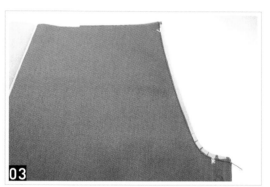

03 앞주머니 시접을 0.3cm로 자른다.

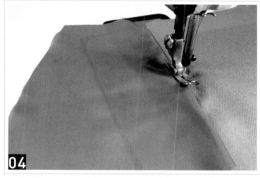

04 시접을 안감으로 향하게 눕혀서 0.1cm 누름상침한다.

05 골반밴드의 옆선을 봉제한다.

06 안단의 옆선을 봉제한다.

07 뒤다트 시접을 뒤중심으로 향하게 다림질한다.

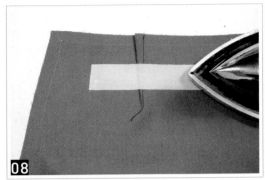

08 뒤판의 외입술주머니 위치에 15 × 3.5cm 심지를 붙인다.

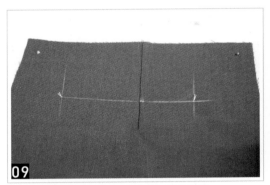

09 뒤판의 겉면에 주머니 위치를 표시한다.

10 주머니감(안감)에서 다림질한다.

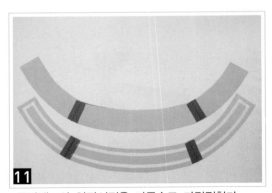

11 골반밴드와 안단시접을 가름솔로 다림질한다.

12 외입술감을 반으로 접어 입술폭 1.5cm를 표시하고, 9번의 위치에 외입술감의 골선을 아래로 향하게 올려 주머니 너비(13cm)를 봉제한다.

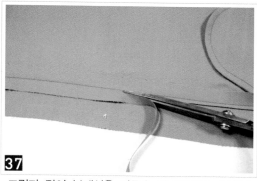

그림과 같이 봉제선을 가름솔 다림질하고, 절개선의 시접을 0.5cm 자른다.(쌈솔 준비)

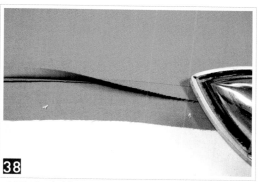

앞판의 시접을 절개선으로 향하게 다림질한다.

앞판시접으로 절개선 시접을 0.5cm 너비로 감싸고, 시접끝을 0.1cm 누름상침한다.

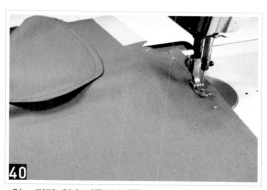

앞 · 뒤판 안솔기를 봉제한다.

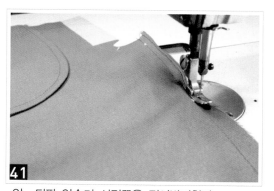

앞 · 뒤판 안솔기 시접끝을 접어박기한다.

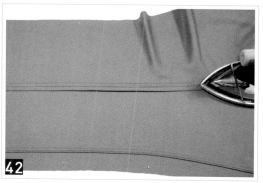

그림과 같이 앞판을 기준으로 안솔기를 가름솔로 다림질한다.

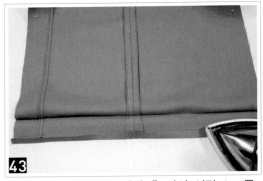

43

밑단시접을 5cm 접어다린 후 다시 시접 1cm를
접어 다린다.

44

샅라인의 시접을 봉제한다.

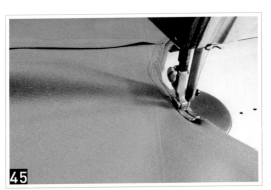

45

샅라인의 시접끝을 접어박기 한다.

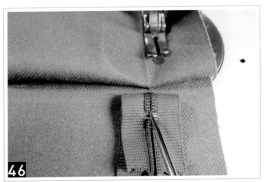

46

그림은 앞판 지퍼위치에 지퍼의 겉면을 겹친 모습
이다.

47

그림과 같이 지퍼위치의 실표뜨기와 지퍼 이의
중심을 겹친다.

48

지퍼 위에 한 쪽 노루발을 올려 지퍼를 봉제
한다.

삽시접의 늘어난 부분을 데스망 위에서 다림질
한다.

뒤중심을 가름솔로 다림질한다.

48번의 봉제한 지퍼를 겉면으로 젖혀서 다림질
한다.

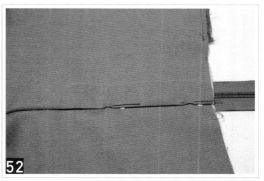

앞중심의 지퍼선을 핀으로 고정하고, 지퍼 스티치를
2cm 너비로 그린다.

몸판의 지퍼시접과 지퍼의 테이프부분을 고정시
킨다.

지퍼 스티치는 아래에서 위쪽 방향으로 봉제하며,
봉제 시 몸판이 밀리지 않게 주의한다.

팬츠(Pants)

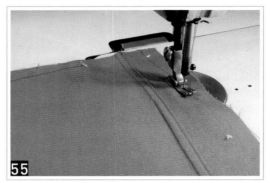

55 앞·뒤판 옆선을 봉제한다.

56 앞·뒤판 옆솔기 시접을 접어박기한다.

57 무릎선 아래의 옆솔기는 바닥에서 다림질한다.

58 엉덩이선은 데스망 위에서 다림질한다.

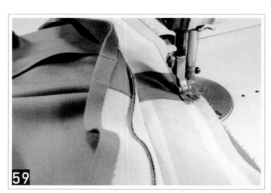

59 몸판과 골반밴드를 봉제한다.

60 몸판의 밑단시접을 0.1cm 끝스티치한다.

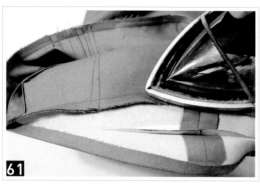

61 몸판의 시접을 골반밴드로 향하게 다림질한다.

62 그림과 같이 골반밴드와 안단을 시침질하여 다림질한다.

63 몸판과 골반밴드 사이를 골스티치한다.

64 골반밴드를 0.5cm 스티치한다.

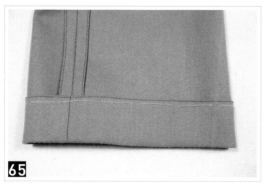

65 몸판의 밑단을 시침질한다.

66 몸판의 밑단을 새발뜨기한다.

VI 팬츠(Pants)

67
단추구멍 위치에 가로 2.8cm, 폭 0.4cm로 두 줄 봉제한다. (p.35 참고)

68
그림과 같이 67번의 중심선과 머리(ㅇ)모양으로 자른다.

69
버튼홀 스티치로 단추구멍을 완성한다.

70
그림은 단추구멍 반대편에 단추를 달아 완성한 모습이다.

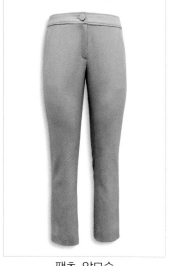

팬츠 앞모습

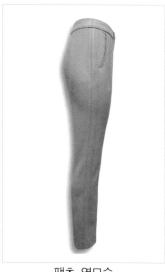
팬츠 옆모습

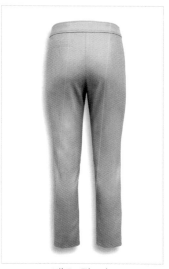
팬츠 뒷모습

작업 지시서

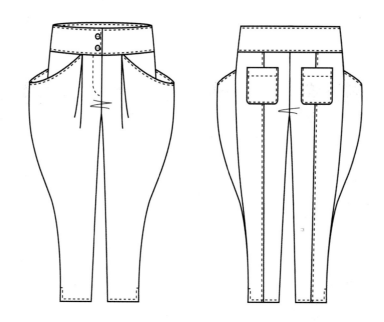

재단 및 봉제 시 유의사항 (5개 이상)	원·부자재 소요량			
1. 원단을 식서방향으로 재단한다.	**원·부자재**	**규격**	**소요량**	**단위**
2. 허리밴드 너비를 6cm로 한다.	원단	150cm	1.3	yd
3. 앞판의 외주름은 옆선으로 향하게 한다.				
4. 앞주머니의 깊이는 35cm로 하고, 주머니 시접은 통솔로	안감	110cm	0.8	yd
한다.	심지	110cm	0.5	yd
5. 뒤절개선의 시접은 골선 재단하여 0.5cm 장식스티치				
한다.	재봉실	40s/2합	1	com
6. 뒤주머니를 아웃포켓(5×13cm)으로 하고, 옆선시접은	양면지퍼	25cm	1	ea
접어박기 후 가름솔로 한다.				
7. 팬츠의 옆트임을 5cm 길이로 한다.	단추	21mm	2	ea
8. 단추구멍을 버튼홀티치로 한다.	식서테이프	10mm	2	yd

※ 매회 시험마다 적용치수 및 지시사항이 다를 수 있으므로 출제 시험지를 잘 확인하여 작성한다.

※ 작업지시서는 반드시 흑색 또는 청색필기구를 사용한다. (연필 사용 시 무효처리 됨)

02

배기팬츠
(Baggy Pants)

배기팬츠(Baggy Pants) 기출문제				
자격종목	양장기능사		과제명	팬츠
시험시간	표준시간 : 6시간, 연장시간 : 없음			

요구사항	1) 지급된 재료를 사용하여 디자인과 같은 배기 팬츠를 제작하시오.
	2) 디자인과 같은 작품을 적용치수에 맞게 제도, 재단하여 의상을 제작하시오.
	3) 디자인과 동일한 패턴 2부를 제도하여 1부는 마름질에 사용하고, 다른 1부는 제작한 작품과 함께 채점용으로 제출하시오.
	(제출한 패턴 제도에는 기초선과 제도에 필요한 부호, 약자를 표시합니다.)
	4) 다음 디자인의 작업 지시서를 완성하시오.
	5) 적용치수는 문제에 제시된 치수로 제작하고, 제시되지 않은 치수는 디자인에 맞게 제작하시오.
	  • 허리둘레 : 74cm • 엉덩이둘레 : 92cm • 엉덩이길이 : 18cm
	  • 바지길이 : 80cm • 밑단둘레 : 34cm • 밑위 : 22cm
	  • 밴드너비 : 6cm				

지시사항	1) 앞주머니를 35cm 깊이로 사용할 수 있도록하고, 주머니 시접은 통솔로 처리하시오. 2) 외주름은 옆선을 향하게 하시오. 3) 뒤절개선의 시접은 골선 재단하고 0.5cm 장식스티치하시오. 4) 아웃포켓은 5×13cm 크기로 하시오. 5) 옆트임은 밑단에서 5cm 길이로 하고, 밑단시접은 접어박기 하시오. 6) 옆선시접은 시접끝을 접어박기 후 가름솔로 처리하시오. 7) 단추구멍은 단추크기에 맞게 버튼홀스티치 하시오.				
도면					

※ 매회 시험마다 지시사항과 적용치수가 다르게 출제될 수 있다.

01 / 배기팬츠 패턴 설계도[앞판1]

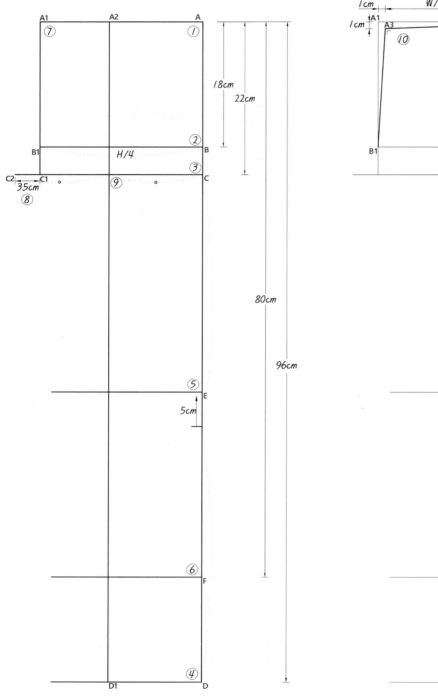

기초선

① A — 직각선을 그린다.
② A-B — A선에서 엉덩이길이 18cm를 내린다.
③ A-C — A선에서 밑위길이 22cm를 내린다.
④ A-D — A선에서 기본팬츠길이 96cm를 내린다.
⑤ E — C-D선의 이등분점에서 5cm 올려 E(무릎)선을 그린다.
⑥ F — A선에서 팬츠길이 80cm를 내린다.
⑦ A1 — A점에서 H/4 이동한 점을 A1점으로 한다.
 C1 — A1점을 수직으로 C선까지 내려 교차점을 C1점으로 한다.
⑧ C2 — C1점에서 3.5cm 나간 점을 C2점으로 하고 앞샅폭을 그린다.
⑨ A2-D1 — C-C2점의 이등분한 점을 수직선으로 내려 A선의 교차점을 A2점, D점의 교차점을 D1점으로 한다.

허리선

⑩ A3 — A1점에서 1cm 내린 점을 옆선방향으로 1cm 이동하여 A3점으로 한다.
 A3-B1 — A3-B1점을 곡선으로 연결한다.
 A4 — A3점에서 W/4+2cm 이동하여 A4점으로 표시한다.
 A3-A4 — A3-A4점을 자연스러운 곡선으로 허리선을 그린다.

옆솔기

⑪ A4-B — A4-B점을 자연스러운 곡선으로 옆솔기를 그린다.

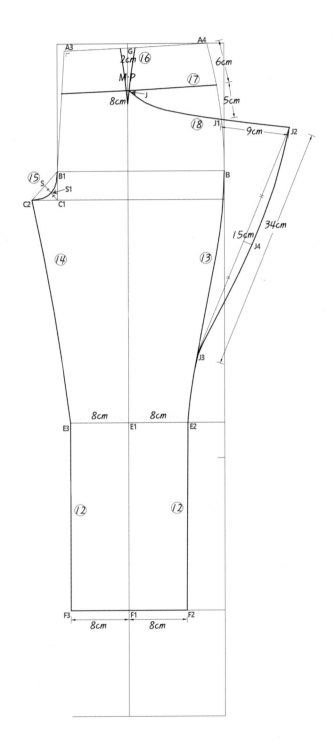

바지부리

⑫ F1-F2 – F1점에서 8cm 나간 F2점과 E1점에서 8cm 나간 E2점을 연결한다.

F1-F3 – F1점에서 8cm 나간 F3점과 E1점에서 8cm 나간 E3점을 연결하여 바지부리를 완성한다.

옆솔기

⑬ B-E2 – A4-B 곡선과 자연스러운 곡선으로 B-E2점을 연결하여 옆솔기를 그린다.

안솔기/앞샅

⑭ C2-E3 – C2-E3점을 자연스러운 곡선으로 안솔기를 완성한다.

⑮ S-C1 – B1-C2선의 이등분한 점인 S점과 C1점을 연결한다.

S1 – S-S1선의 이등분점을 S1점으로 한다.

B1-S1-C2점을 곡선으로 연결하여 앞샅을 완성한다.

다트/허리밴드

⑯ G – A3-A4점의 교차점을 G점으로하고 G점에서 수직선으로 다트길이 8cm, 다트분량 2cm를 그린다.

⑰ 허리밴드– A3-A4(허리)선에서 평행선으로 허리밴드 6cm 너비로 내린다.

앞주머니

⑱ J-J1 – J점과 허리밴드에서 5cm 내린 J1점을 곡선으로 그린다.

J1-J2 – J1점에서 9cm 나간 점을 J2점으로 하고, 곡선으로 주머니 입구를 그린다.

J2-J3 – J2점에서 34cm 내린 점을 B-E2선상에 J3점으로 표시한다.

J4 – J2-J3선의 이등분점에서 1.5cm 나간 점을 J4점으로 한다.

J2-J4-J3점을 연결하여 자연스러운 곡선으로 주머니 옆선을 그린다.

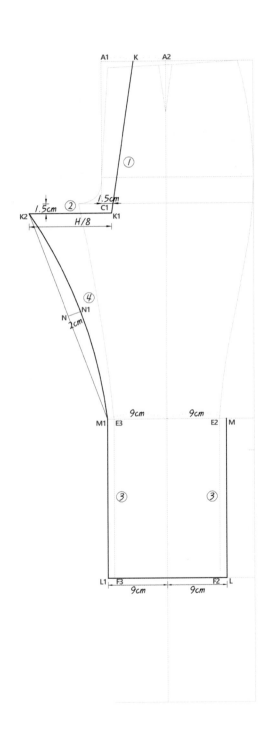

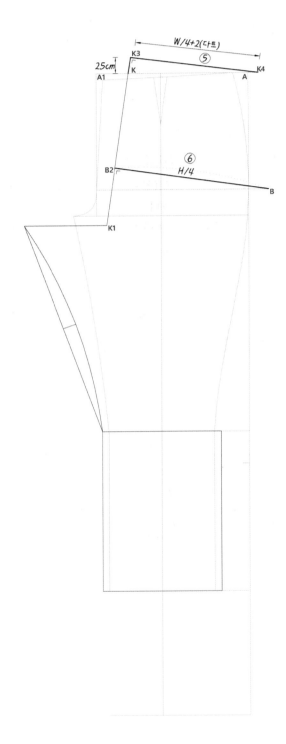

뒤중심

① K   –   A1-A2점의 이등분선을 K점으로 한다.

     K1   –   C1점에서 1.5cm 내리고 옆선방향으로 1.5cm 이동한 점을 K1점 한다.

     K-K1 –   K-K1점을 연결한다.

뒤샅폭/바지부리

② K1-K2 –   K1점에서 H/8 나간 점을 K2점으로 하고 뒤샅폭을 그린다.

③ L-M   –   F2(앞판)점에서 1cm 나간 L점과 E2(앞판)점에서 1cm 나간 M점을 연결한다.

     L1-M1 –   F3(앞판)점에서 1cm 나간 L1점과 E3(앞판)점에서 1cm 나간 M1점을 연결하여 바지부리를 완성한다.

안솔기

④ N   –   K2-M1점의 이등분점을 N점으로 한다.

     N-N1   –   N점에서 2cm 들어온 점을 N1점으로 한다.

                 K2-N1-M1점을 자연스러운 곡선으로 안솔기를 완성한다.

허리선

⑤ K-K3 –   K점의 2.5cm 연장한 선을 K3점으로 한다.

     K4   –   K3점에서 A1-A선상에 W/4+2cm를 K4점으로 표시한다.

     K3-K4 –   K3-K4점을 연결하여 허리선을 그린다.

밑위선

⑥ B2   –   B선상에 K1-K3(뒤중심)선의 직각으로 H/4를 B2점으로 표시한다.

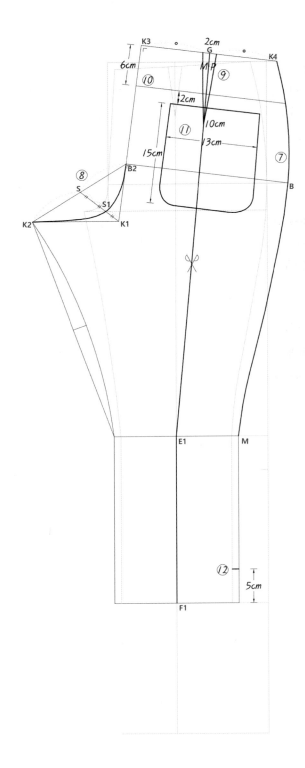

옆솔기/뒤샅

⑦　K4-B　－　K4-B점을 자연스러운 곡선으로 연결한다.

　　B-M　－　K4-B선의 곡선과 자연스럽게 연결되는 곡선으로 B-M선을 그린다.

⑧　S　－　B2-K2점의 이등분점을 S점으로 한다.

　　S1　－　S-K1점의 3등분점을 S1점으로 한다.

　　　　　　B2-S1-K2점을 자연스러운 곡선으로 뒤샅을 완성한다.

다트/뒤절개선

⑨　G　－　K3-K4(허리)선의 이등분점을 G점으로 한다.

　　뒤절개선 －　G-E1-F1점을 연결하여 뒤절개선을 그린다.

　　다트　－　G점에서 뒤절개선을 따라 다트길이 12cm, 다트분량 2cm를 그린다.

허리밴드/뒤주머니

⑩　허리밴드 －　K3-K4(허리)선에서 평행선으로 허리밴드 6cm 너비로 내린다.

⑪　뒤주머니 －　허리밴드에서 평행선으로 2cm 내리고, 뒤중심에서 5cm 들어온 지점에 아웃포켓(5×13cm)을 그린다.

옆트임

⑫　옆트임　－　옆솔기의 밑단에서 5cm 올린 위치에서 옆트임을 표시한다.

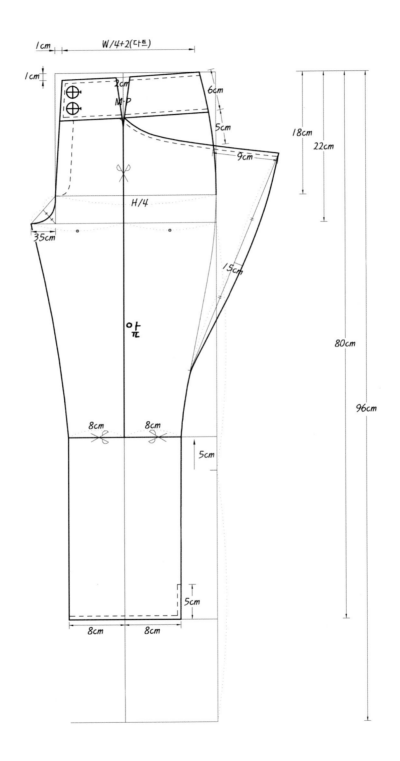

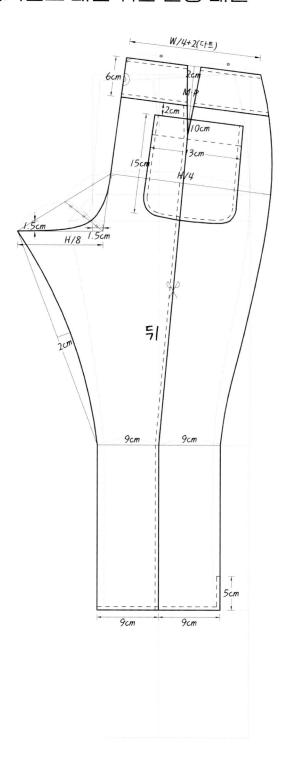

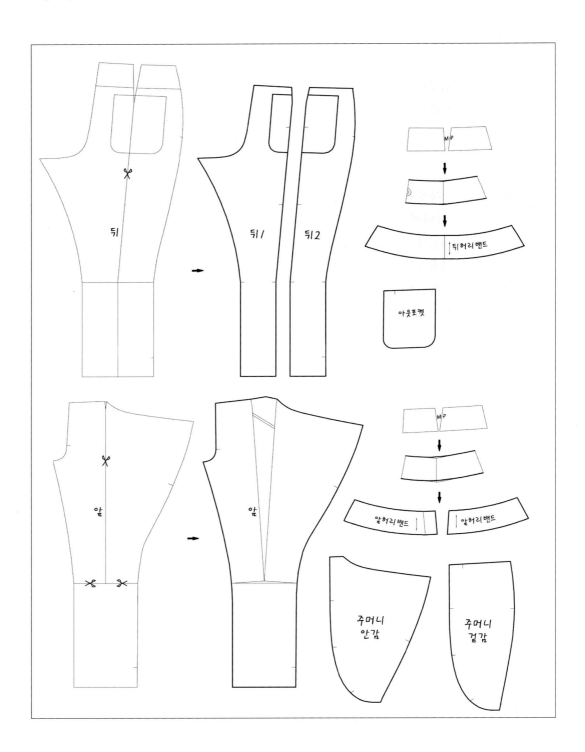

뒤

뒤1   뒤2

M.P

뒤허리밴드

아웃포켓

앞

앞

M.P

앞허리밴드   앞허리밴드

주머니
안감

주머니
겉감

[뒤판 전개도]

1. 뒤허리밴드의 다트를 M.P하고, 허리밴드를 자연스러운 곡선으로 그린다.
2. 뒤판의 아웃포켓을 복사한다.
3. 뒤절개선을 자른다.

[앞판 전개도]

1. 앞허리밴드의 다트를 M.P하고, 허리밴드를 자연스러운 곡선으로 그린다.
   입어서 왼쪽 허리밴드에 여밈분량 3cm를 그린다.
2. 앞판의 외주름을 벌리기 전 앞판 원본 패턴에서 앞주머니감(겉감) 패턴을 복사한다.
3. 앞판의 중심선을 무릎선까지 절개하여 외주름 6cm를 벌린다.
4. 앞판의 외주름을 벌린 상태에서 앞주머니감(안감)을 복사하여 패턴을 만든다.
5. 앞판의 외주름 시접은 옆선으로 향하게 접어서 외주름선을 수정한다.

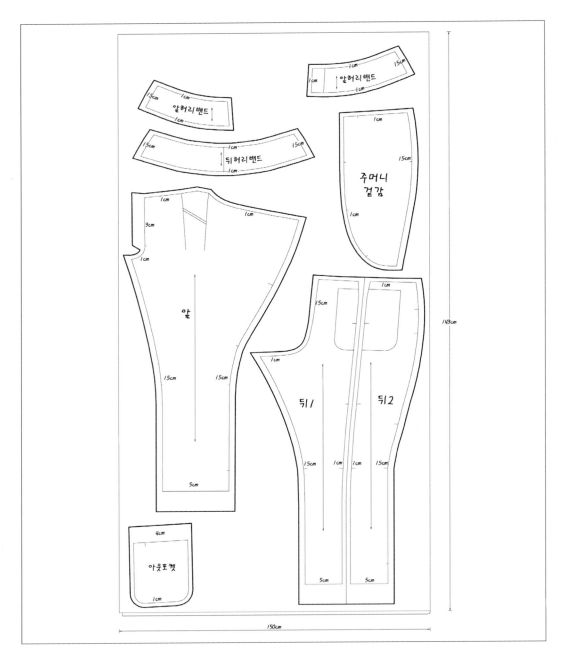

1. 전체 심지를 붙이는 앞·뒤 허리밴드, 앞·뒤안단은 시접을 크게 잘라 심지작업 후 시접정리를 한다. (원단 수축)
2. 뒤허리밴드와 뒤절개선은 원단을 자르지 않고, 골선으로 재단한다.

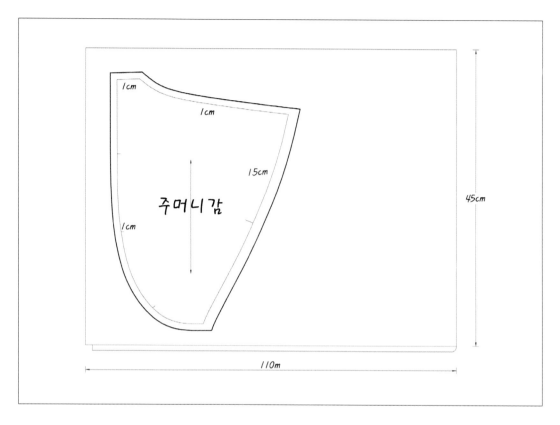

1. 주머니 안감을 식서방향으로 재단한다.

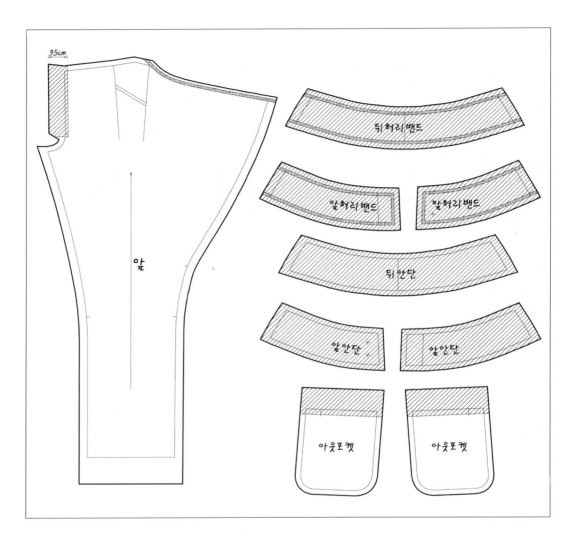

1. 그림과 같이 심지와 식서테이프를 붙인다.
2. 앞판의 지퍼시접은 3.5cm 너비로 심지를 붙이고, 앞주머니 시접은 식서테이프를 붙인다.
3. 허리밴드와 안단은 심지를 붙이고 시접정리를 한다.
4. 아웃포켓의 심지는 4.5cm 너비로 심지를 붙인다.

11 / 배기팬츠 공정순서

봉제 (1~8번)	뒤판	뒤절개선 봉제	봉제 (25~36번)	몸판	앞판+뒤판 샅시접 봉제
		뒤절개선 스티치			샅시접 접어박기
		아웃포켓 시접봉제			지퍼 봉제
	앞판	앞판+주머니감 봉제			지퍼 스티치
		앞주머니시접 누름상침			앞·뒤판 옆솔기 봉제
	허리밴드	허리밴드, 안단 봉제			옆솔기시접 접어박기
다림질 (9~12번)	뒤판	뒤절개선 다림질	다림질 (37~38번)	몸판	샅시접 다림질
		아웃포켓 시접다림질			뒤중심 다림질
		뒤판+아웃포켓 시침질			지퍼선 다림질
	앞판	앞주머니 다림질	봉제 (39~42번)	몸판	밑단 시침질
	허리밴드	허리밴드, 안단 다림질			밑단봉제
봉제 (13~22번)	뒤판	아웃포켓 스티치			허리밴드+안단 허리선 봉제
	앞판	앞주머니 스티치			몸판+허리밴드 봉제
		앞주머니감 통솔봉제			허리밴드시접 누름상침
		외주름+앞주머니 고정봉제	다림질 (43~44번)	몸판	허리밴드 다림질
		앞주머니감+옆솔기봉제			허리밴드 단시접 시침질
	몸판	앞·뒤판 안솔기 봉제	봉제 (45~46번)	몸판	허리밴드 스티치
		안솔기 시접 접어박기	마무리 (47~50번)	몸판	단추구멍 봉제
다림질 (23~24번)	몸판	안솔기 다림질			손바느질
		밑단 접어 다림질			마무리 다림질

※ 각 아이템별 봉제과정은 위의 공정순서에 따라 이루어졌으며, 본 공정순서는 의상 제작에 있어 짧은 작업 동선으로 인한 효율적인 시간관리 및 의상의 전체적인 제작공정을 빠르게 이해할 수 있도록 구성하였다.

팬츠(Pants)

뒤절개선을 봉제한다.

뒤절개선의 시접을 옆선으로 향하게 눕혀서 0.5cm 스티치한다.

그림과 같이 아웃포켓의 시접을 접어서 0.1cm 끝스티치한다.

앞판의 주머니시접과 주머니감(안감)을 봉제한다.

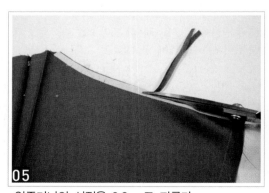

앞주머니의 시접을 0.3cm로 자른다.

앞주머니의 시접을 안감으로 향하게 눕혀서 0.1cm 누름상침한다.

07 허리밴드의 옆선을 봉제한다.

08 안단의 옆선을 봉제한다.

09 아웃포켓의 시접을 안으로 접어서 다림질한다.
(아웃포켓의 곡선부분은 곡선시접에 홈질하여 실을
당겨서 만든다.)

10 그림과 같이 뒤판의 주머니 위치에 아웃포켓을
시침질한다.

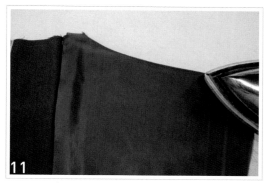

11 주머니감(안감)에서 앞주머니를 다림질한다.

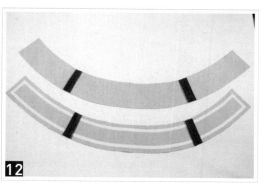

12 허리밴드와 안단의 시접을 가름솔로 다림질한다.

VI
팬츠(Pants)

아웃포켓을 0.5cm 스티치한다.

앞주머니를 0.5cm 스티치한다.

주머니감(겉감)과 주머니감(안감)을 겹쳐서 시접에
너치표시한다. [통솔 준비]

주머니감(겉감)과 주머니감(안감)을 겉과 겉의 너치
표시에 맞춰서 시접 0.3cm를 봉제한다.

주머니감 시접을 뒤집어서 가장자리를 다림질한다.

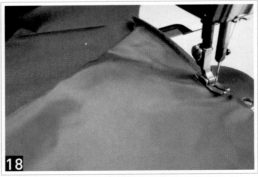
주머니 시접을 0.7cm 봉제하여 통솔처리한다.

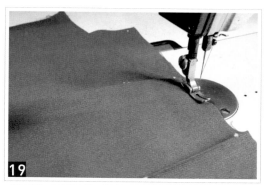

앞판의 외주름을 옆선으로 향하게 접고, 외주름 시접을 허리선에 고정시킨다.

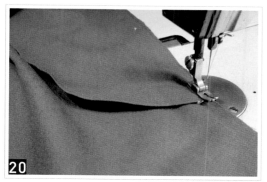

앞판의 옆솔기에 앞주머니 시접을 고정시킨다.

앞·뒤판 안솔기를 봉제한다.

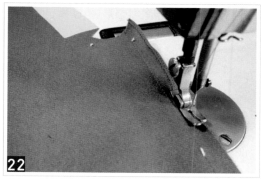

앞·뒤판 안솔기 시접을 접어박기한다.

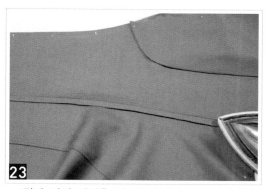

그림과 같이 앞판을 기준으로 안솔기를 가름솔로 다림질한다.

몸판의 밑단시접을 말아접어서 다림질한다.

팬츠(Pants)

샅라인의 시접을 봉제한다.

샅라인의 시접을 접어박기한다.

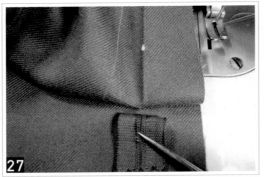

앞판 지퍼위치와 지퍼의 겉면을 겹친다.

그림과 같이 지퍼위치의 실표뜨기와 지퍼 이의 중심을 겹친다.

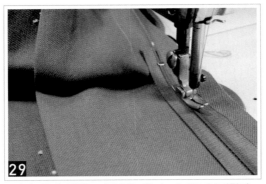

지퍼 위에 한쪽 노루발을 올려 지퍼를 봉제한다.

29번의 봉제한 지퍼를 겉면으로 젖혀서 다림질 한다.

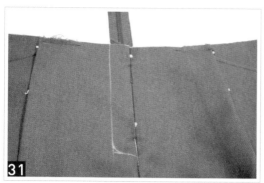

앞중심의 지퍼선을 핀으로 고정하고, 지퍼 스티치를
2cm 너비로 그린다.

몸판의 지퍼시접과 지퍼의 테이프부분을 고정
시킨다.

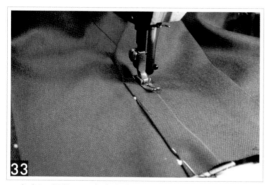

지퍼스티치는 아래에서 위쪽방향으로 봉제하며
봉제 시 몸판이 밀리지 않게 주의한다.

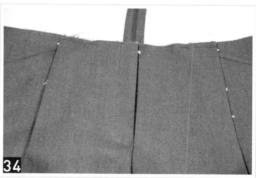

그림은 지퍼 스티치를 완성한 모습이다.

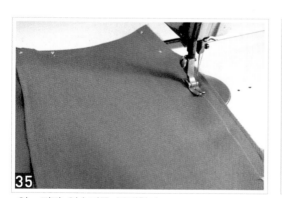

앞 · 뒤판 옆솔기를 봉제한다.

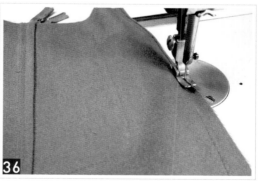

앞 · 뒤판 옆솔기의 시접을 접어박기한다.

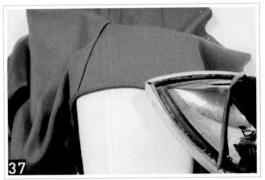

37 샅시접의 늘어난 부분을 데스망 위에서 다림질 한다.

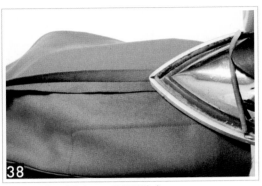

38 뒤중심을 가름솔로 다림질한다.

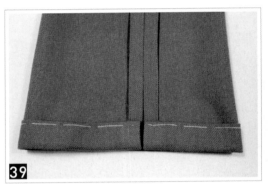

39 몸판의 밑단시접을 접어서 시침질한다.

40 밑단시접을 0.5cm 스티치한다.

41 몸판과 허리밴드를 봉제한 후 허리밴드와 안단의 허리선을 봉제한다.

42 허리밴드의 시접을 안단으로 향하게 눕혀서 0.1cm 누름상침한다.

43 허리밴드의 시접을 정리한 후 안단에서 허리밴드를 다림질한다.

44 그림과 같이 허리밴드와 안단을 시침질하여 다림질한다.

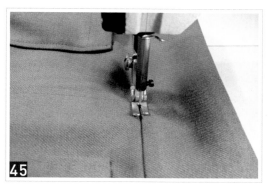

45 몸판과 허리밴드 사이를 골스티치한다.

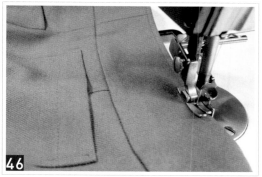

46 허리밴드를 0.5cm 스티치한다.

47 몸판의 밑단시접을 공구르기한다.

48 단추구멍 위치에 가로 2.4cm, 폭 0.4cm로 두 줄을 두 번 봉제한다. (p.35 참고)

Ⅵ 팬츠(Pants)

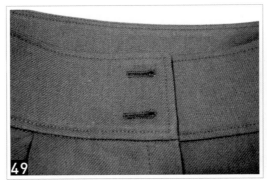

49 버튼홀 스티치로 단추구멍을 완성한다.

50 그림은 단추구멍 반대편에 단추를 달아 완성한 모습이다.

11 / 배기 팬츠 완성 작품

팬츠 앞모습

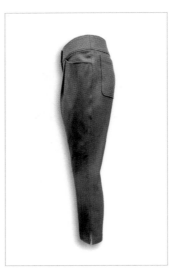

팬츠 옆모습

팬츠 뒷모습

참고문헌

네이버 패션전문자료사전(https://terms.naver.com/)

산업패턴설계(나미향, 허동진, 정복희, 이정순 / 2000 / 예문사)

양장기능사실기(김경애 / 2016 / 예문사)

어패럴메이킹 여성복재킷(최경미, 이준옥, 이형숙, 남윤자 / 2009 / 교학사)

초보자를 위한 의류봉제방법(김효숙 / 1999 / 경춘사)

큐넷(https://www.q-net.or.kr/)

PROPORTION-BASED WOMEN'S PATTERN(최영림, 선승우, 김홍 / 2007 / 교학사)

MEMO

MEMO

MEMO

MEMO

MEMO

초보자도 이해하기 쉬운

양장기능사 실기

초 판 인 쇄	2016년 11월 10일
초 판 발 행	2016년 11월 15일
개정1판 1쇄 발행	2018년 3월 5일
개정1판 2쇄 발행	2019년 4월 25일
개정2판 1쇄 발행	2022년 1월 5일
개정3판 1쇄 발행	2023년 7월 5일

저 자	박성미
발 행 인	조규백
발 행 처	도서출판 구민사
	(07293)
	서울특별시 영등포구 문래북로 116, 604호(문래동 3가 46, 트리플렉스)
전 화	(02) 701-7421(~2)
팩 스	(02) 3273-9642
홈 페 이 지	www.kuhminsa.co.kr
신 고 번 호	제2012-000055호 (1980년 2월 4일)
I S B N	979-11-6875-239-9 [13500]
값	27,000원